高职高专"十二五"规划教材

U0062668

网络营销项目化教程

主　编　王国玲　王　韦
副主编　杨　浩　王　辉　彭振营

中国轻工业出版社

图书在版编目（CIP）数据

网络营销项目化教程/王国玲，王韦主编. —北京：中国轻工业
出版社，2011. 6
高职高专"十二五"规划教材
ISBN 978-7-5019-8174-8

Ⅰ．①网…　Ⅱ．①王…②王…　Ⅲ．①网络营销－高等职业教
育－教材　Ⅳ．①F713. 36

中国版本图书馆 CIP 数据核字（2011）第 073036 号

责任编辑：张文佳　　责任终审：劳国强　　封面设计：锋尚设计
版式设计：王超男　　责任校对：吴大鹏　　责任监印：吴京一

出版发行：中国轻工业出版社（北京东长安街 6 号，邮编：100740）
印　　刷：航远印刷有限公司
经　　销：各地新华书店
版　　次：2011 年 6 月第 1 版第 1 次印刷
开　　本：720×1000　1/16　印　张：14.75
字　　数：301 千字
书　　号：ISBN 978-7-5019-8174-8　定价：30. 00 元
邮购电话：010 – 65241695　传真：65128352
发行电话：010 – 85119835　85119793　传真：85113293
网　　址：http：//www. chlip. com. cn
Email：club@ chlip. com. cn
如发现图书残缺请直接与我社邮购联系调换
101466J2X101ZBW

前言

目前，我们已经走入了以互联网为基础的网络经济时代。计算机网络的出现极大地改变了人们的生活方式，也对企业营销产生了巨大的影响和前所未有的挑战，同时也提供了千载难逢的机遇。

网络营销作为新经济时代的产物，是对传统市场营销方式的变革与发展，也将随着网络技术的不断进步和市场需求的不断变化而向纵深发展。在高度发达的信息化社会，网络的应用已逐渐成为企业开拓营销渠道，进行市场竞争的重要手段。

本教材的特色是以职业能力培养、素养养成为目标，以中小型企业网络营销的工作流程为导向，以典型的工作任务为载体；以校企合作、工学结合为手段，以任务驱动为主要教学方法的教学模式的设计，并制定突出职业能力和职业素养的课程标准，构建基于工作过程的系统化教学内容。主要内容包括认识网络营销、网络市场调研、网络市场分析、网络营销策划、网络营销平台建设、网络推广、网络客户关系管理七个项目。各章结构严谨，论述充分，辅助"项目描述"、"学习目标"、"案例导入"、"任务实施"、"技能训练"、"回顾与小结"等环节，本着以理论知识渐次递进，实践综合能力逐步提升的宗旨，重构和序化了网络营销学习项目和学习任务，从而使课程的教学内容实现了"项目化、任务化、一体化、多元化、标准化"。

本教材的编写具体分工如下：项目二、项目三、项目五由长春职业技术学院王国玲老师编写；项目一由潍坊职业学院彭振营老师编写；项目四、项目七由安徽工商职业学院王韦老师编写；项目六的任务一、任务二由长春职业技术学院王辉编写；项目六的任务三、任务四、任务五由广东松山职业技术学院杨浩老师编写。全书由长春职业技术学院王国玲老师统稿、定稿。

在教材编写的过程中，参考和引用了大量的图书和网站资料，编者已尽己所能在参考文献中列出，在此对各文献的原作者及提供文献的各类媒体和网站致以诚挚的感谢，若有疏漏，在此表示歉意。由于编者的水平有限，书中难免会出现错误和疏漏，恳请读者批评和指正，并将意见及时反馈于我们，以便我们及时改进。

编者
2011年4月

目录

CONTENTS

项目描述

　　网络技术的发展和应用带来的信息革命，不仅改变了信息的分配和接收方式，重构了人们的时空观念，更重要的是它将引起人类经济活动方式的深刻变革。

　　随着中国加入世界贸易组织，全球经济一体化日趋显著，企业网络化、信息化进程急剧加速，使得企业网络营销活动随着网络技术和电子商务的发展而日益成熟。

学习目标

学习目标	知识目标	了解网络营销的基本概念及特点
		掌握网络营销的功能、优势
		掌握网络营销方法
		掌握网络营销对传统营销的冲击
		理解网络营销与传统营销的关系
		掌握网络营销与传统营销的整合
	能力目标	能够理解网络营销的内涵
		能够熟知网络营销与传统营销的关系
		能够学会利用网络营销工具进行网上营销
	素质目标	激发学生深入学习网络营销的兴趣
		培养学生具有分析、判断、应变、控制事件的基本素质

技能知识

　　网络营销概念、特点、功能、优势，网络营销方法，网络营销与传统营销

新年的第一瓶可口可乐　你想与谁分享

2009 年春节，"可口可乐"深入地了解到消费者在不平凡的 2008 年到 2009 年的情感交界，抓准了受众微妙的心态，倡导可口可乐积极乐观的品牌理念，推出"新年第一瓶可口可乐，你想与谁分享？"这个新年期间的整合营销概念，鼓励人们跨越过去，冀望未来，以感恩与分享的情愫，营造了 2009 年新年伊始的温情。

活动充分整合了目前国内年轻人热衷的大部分网络资源：社交型网站、视频网站、以及每日都不可离开的手机。利用了社交型网站、视频等途径，让数以万计的消费者了解了"新年第一瓶可口可乐"的特殊含义，并积极参加了分享活动，分享了自己的故事，自己想说的话。

除了使用在年节时最广为应用的短信拜年，向 iCoke 会员发出"新年第一瓶可口可乐"新年祝福短信，同时也在 iCoke 平台上提供国内首次应用的全新手机交互体验，让拥有智能手机的使用者，通过手机增强现实技术 (AR Code：Augmented Reality Code) 的科技，用户收到电子贺卡时，只要将手机的摄像头对准荧幕上的贺卡，就能看见一瓶三维立体的可口可乐于环绕的"新年第一瓶可口可乐，我想与你分享"的动态画面浮现在手机屏幕上，并伴随着活动主题音乐，新技术的大胆运用给年轻消费者与众不同的超前品牌体验。

自活动开始，参与人数随着时间呈几何数增长。超过 5 百万的用户上传了自己的分享故事及照片，超过 3 百万的 SNS 用户安装了定制的 API 参与分享活动，近 2 百万的用户，向自己心目中想分享的朋友发送了新年分享贺卡。同时，论坛、视频网站和博客上，一时间充满"新年第一瓶可口可乐"的分享故事。除了惊人的数字外，消费者故事的感人程度、与照片视频制作的精致程度，均显示了该活动所创造的影响力及口碑。也证明了可口可乐在消费者情感诉求与网络趋势掌握方面的精准度。

资料来源：和锐方略，网络营销推广方案

思考问题：

1. 请分析可口可乐采用的营销策略创意的亮点？

2. 请归纳总结可口可乐取得哪些营销效果？

相关知识

一、网络营销概念

对于网络营销的认识，一些学者或网络营销从业人员对网络营销的研究和理解往往侧重某些不同的方面：有些人偏重网络本身的技术实现手段，有些人注重网站的推广技巧。也有些人将网络营销等同于网上直销，还有一些人把新兴的电子商务企业的网上销售模式也归入网络营销的范畴。

为了理解网络营销的全貌，有必要为网络营销下一个比较合理的定义，从"营销"的角度出发，将网络营销定义为：网络营销是以互联网络为媒体，以新的方式、方法和理念，实施营销活动，更有效地促成个人和组织交易活动实现的新型营销模式。它是企业整体营销战略的一个组成部分，是为实现企业总体或者部分经营目标所进行的，以互联网为基本手段营造网上经营环境的各种活动。

网络营销不是孤立的，在很多情况下，网络营销是传统营销理论在互联网环境中的应用和发展，网络营销是互联网时代市场营销中必不可少的。网络营销的手段注重网上网下相结合，网上营销与网下营销是相辅相成、相互促进的营销体系。

二、网络营销的特点

随着互联网技术发展的日益成熟，它将企业、组织及个人跨时空地联结在一起，使得相互之间的信息交流非常方便快捷。市场营销中最重要、最本质的内容就是组织和个人之间进行信息传播和交换，如果没有信息交换，商家的交易额也就成了无本之源。正因为互联网具有营销所要求的某些特性，使得网络营销呈现如下特点。

1. 跨时空性

营销的最终目的是占有一定的市场占有率。以往的任何一种营销理念和营销方式，都是在一定的范围内去寻找目标客户，有一定的局限性。由于互联网可以每天 24 小时不间断地为全球所有的消费者提供服务，使得企业借助互联网提供的全球性、全天候去寻找目标客户，使得企业跨时空的交易成为可能。

2. 交互性

互联网不仅可以展示商品信息、链接商品信息，更重要的是可以实现和顾客双向沟通，收集顾客反馈的意见、建议，从而切实、有针对性地改进产品与服务，提供高效和优质的客户服务。

3. 拟人化

网络上的促销是一对一的、理性的、消费者主导的、个性化的、非强迫性的、循序渐进式的，而且是一种低成本、高效率的促销，避免推销员强势推销的干扰，并通过信息传递与交互式交流，与消费者建立长期良好的伙伴关系。

4. 多媒体性

互联网上的信息是以文字，声音、图像、多媒体等形式存在和交换的，信息的传递没有容量和时间的限制，能够较好地做到信息传达得及时、快捷、保真。营销人员可以利用网络的优势，以多种信息形式展示商品信息，吸引消费者的注意力。

5. 整合性

在网络营销的过程中，将对多种资源、多种营销手段和营销方式进行整合，将对有形资产和无形资产的交叉运作和交叉延伸进行整合。无形资产在营销实践中的整合能力和在多种资源、多种手段整合后所产生的增值效应，也是对传统市场营销理念的重大突破和重要发展。

6. 高效性

互联网上有大量的信息可供消费者查询，可以传送的信息数量与精确程度远远超过其他媒体。通过互联网，企业能够顺应市场的需要，及时更新产品和价格，及时有效地了解并满足客户的需求。

7. 冲击性

由于网络营销具有很强的市场穿透能力和冲击性，使网络营销在冲击时是主动的、自觉的。无论对信息搜索中的冲击，还是对信息发布后的冲击，都是在创造一种竞争优势，在争取一些现实客户，在挖掘一些潜在商机，在扩大着既有优势的市场范围。

8. 低成本性

网络营销可以降低企业的经营成本，从而使产品或服务的价格有更大的下调空间。互联网可以降低企业在传统媒体上进行促销、销售中间环节等成本，从而以较为优惠的价格向消费者提供产品和服务。

9. 技术性

网络营销是建立在高技术作为支撑的互联网络的基础上的，企业实施网络营销必须有一定的技术投入和技术支持，改变传统的组织形态，提升信息管理部门的功能，引进既懂营销又懂电脑技术的复合型人才，才能在未来市场竞争中具备一定的优势。

三、对网络营销的理解

对于网络营销的理解，不同的学者、不同的派别以及网络营销从业人员都有不同的观点，有的将网络上销售商品称为网络营销，有的把网络营销与电子商务混为一谈，这些理解都是不确切的。

1. 网络营销不是网上销售

网络营销的目的是为了最终实现产品的销售与提升品牌形象。很多情况下，网络营销活动不一定能实现网上直接销售的目的，但是可能促进网上销售的增加，并且增加顾客的忠诚度。网上销售是网络营销发展到一定阶段产生的结果，但并不是唯一结果，因此网络营销本身并不等于网上销售。

2. 网络营销不仅限于网上

由于种种因素的影响，在互联网上通过一些常规的检索方法，不一定能顺利找到所需的信息。特别是对初学者而言，根本不知道如何检索信息。因此，一个完整的网络营销方案，除了在网上做推广之外，还有必要利用传统的营销方法进行网下推广，即网络营销本身的营销，正如广告的广告一样。

3. 网络营销与电子商务的区别

电子商务与网络营销是一对紧密相关又具有明显区别的概念，对于初次涉足网络营销领域者对两个概念很容易造成混淆。比如企业建一个普通网站就认为是开展电子商务，或者将网上销售商品称为网络营销等，这些都是不确切的说法。网络营销与电子商务的区别主要体现在下列两个方面。

（1）网络营销与电子商务研究的范围不同。电子商务的内涵很广，其核心是电子化交易，电子商务强调的是交易方式和交易过程的各个环节，而网络营销注重的是以互联网为主要手段的营销活动。网络营销和电子商务的这种关系也表明，发生在电子交易过程中的网上支付和交易之后的商品配送等问题并不是网络营销所能包含的内容。同样，电子商务体系中所涉及的安全、法律等问题也不适合全部包括在网络营销中。

（2）网络营销与电子商务的关注重点不同。网络营销的重点在交易前阶段的宣传和推广，电子商务的标志之一则是实现了电子化交易。网络营销的定义已经表明，网络营销是企业整体营销战略的一个组成部分，可见无论传统企业还是基于互联网开展业务的企业，也无论是否具有电子化交易的发生，都需要网络营销，但网络营销本身并不是一个完整的商业交易过程，而是为了促成交易提供支持，因此是电子商务中的一个重要环节，尤其在交易发生之前，网络营销发挥着主要的信息传递作用。从这种意义上说，电子商务可以被看做是网络营销的高级阶段，一个企业在没有完全开展电子商务之前,同样可以开展不同层次的网络营销活动。

所以说，电子商务与网络营销实际上又是密切联系的，网络营销是电子商务的组成部分，开展网络营销并不等于一定实现了电子商务（指实现网上交易），但实现电子商务一定是以开展网络营销为前提，因为网上销售被认为是网络营销的职能之一。

四、网络营销的功能

网络营销的功能很多，主要可概括为八大功能。

1. 信息搜索功能

信息的搜索功能是网络营销进击能力的一种反映，在网络营销活动中，将利用多种信息搜索方法，主动地、积极地获取有价值的信息和商机；将主动地进行价格对比；将主动地了解对手的竞争情况；将主动地通过搜索获取商业情报，进行决策研究。搜索功能已经成为了营销主体能动性的一种表现，一种提升网络经营能力的进击手段和竞争手段。

2. 信息发布功能

发布信息是网络营销的主要方法之一，也是网络营销的又一种基本职能。无论哪种营销方式，都要将一定的信息传递给目标人群，但是网络营销所具有的强大的信息发布功能，是古往今来任何一种营销方式所无法比拟的。

网络营销可以把信息发布到全球任何一个地点，既可以实现信息的广泛覆盖，又可以形成地毯式的信息发布链；既可以创造信息的轰动效应，又可以发布隐含力，都是最佳的。

3. 商情调查功能

网络营销中的商情调查具有重要的商业价值。对市场和商情的准确把握是网络营销中一种不可或缺的方法和手段，是现代商战中对市场态势和竞争对手情况的一种电子侦察。

在激烈的市场竞争条件下，主动地了解商情、研究趋势、分析顾客心理、窥探竞争对手动态是确定竞争战略的基础和前提。在线调查或者电子询问调查表等方式，不仅省去了大量的人力、物力，而且可以在线生成网上市场调研的分析报告、趋势分析图表和综合调查报告。其效率之高、成本之低、节奏之快、范围之大，都是以往其他任何调查形式所做不到的。这就为广大商家提供了一种市场的快速反应能力，为企业的科学决策奠定了坚实基础。

4. 销售渠道开拓功能

网络具有极强的进击力和穿透力。传统经济时代的经济壁垒、地区封锁、人为屏障、交通阻隔、资金限制、语言障碍、信息封闭等，都阻挡不住网络营销信息的传播和扩散。新技术的诱惑力，新产品的展示力，文图并茂、声像俱显的昭示力，网络上演的亲和力，地毯式发布和爆炸式增长的覆盖力，将整合为一种综合的信息进击能力，能快速地打通封闭的坚冰，疏通种种渠道，扣开进击的路线，实现和完成市场的开拓使命。

5. 品牌价值扩展和延伸功能

美国广告专家莱利·莱特预言：未来的营销是品牌的战争。拥有市场比拥有工厂更重要。拥有市场的唯一办法，就是拥有占据市场主导地位的品牌。

互联网的出现，不仅给品牌带来了新的生机和活力，而且推动和促进了品牌的拓展和扩散。实践证明：互联网不仅拥有品牌、承认品牌，而且在重塑品牌形象、提升品牌的核心竞争力、打造品牌资产方面，具有其他媒体不可替代的效果和作用。

6. 特色服务功能

网络营销具有和提供的不是一般的服务功能，服务的内涵和外延都得到了扩展和延伸。

顾客不仅可以获得形式最简单的 FAQ（常见问题解答）、邮件列表以及 BBS、聊天室等各种即时信息服务，还可以获取在线收听、收视、订购、交款等选择性服务，无假日的紧急需要服务，信息跟踪、信息定制到智能化的信息转移服务，手机接听服务及网上选购，送货到家的上门服务等。这些服务以及服务之后的跟踪延伸，不仅能极大地提高顾客的满意度，使以顾客为中心的原则得以实现，而且使客户成为了商家一种重要的战略资源。

7. 顾客关系管理功能

客户关系管理，源于以客户为中心的管理思想，是一种旨在改善企业与客户之间关系的新型管理模式，是网络营销取得成效的必要条件，是企业重要的战略资源。

在传统的经济模式下，由于认识不足或自身条件的局限，企业在管理客户资源方面存在着较为严重的缺陷。针对上述情况，在网络营销中，通过客户关系管理，将客户资源管理、销售管理、市场管理、服务管理、决策管理融合于一体，将原本疏于管理、各自为战的销售、市场、售前和售后服务与业务统筹协调起来。既可以跟踪订单，帮助企业有序地监控订单的执行过程，规范销售行为，了解新、老客户的需求，提高客户资源的整体价值；又可以避免销售隔阂，帮助企业调整营销策略，收集、整理、分析客户反馈信息，全面提升企业的核心竞争能力。客户关系管理系统还具有强大的统计分析功能，可以为我们提供"决策建议书"，以避免决策的失误，为企业带来可观的经济效益。

8. 经济效益增值功能

网络营销会极大地提高营销者的获利能力，使营销主体提高或获取增值效益。这种增值效益的获得，不仅由于网络营销效率的提高、营销成本的下降、商业机会的增多，更由于在网络营销中，新信息量的累加会使原有信息量的价值实现增值或提升其价值。

五、网络营销的优势

1. 网络营销具有很强的互动性，可以帮助企业实现全程营销的目标

不论是传统营销管理强调的 4P 组合，还是现代营销管理所追求的 4C，都需要遵循一个前提，这就是企业必须实行全程营销，即应该从产品的设计阶段就开始充分考虑消费者的需求和意愿。但是，由于企业和消费者之间缺乏合适的沟通渠道或沟通成本过高，使得这一理念无法很好地实现。消费者一般只能针对现有产品提出建议或批评，对策划、构思、设计中的产品则难以涉足。此外，大多数中小企业也缺乏足够的资金用于了解消费者的各种潜在需求，它们只能靠自身能力或参照市场领导者的策略，甚至根据遇到的偶然机会进行产品开发。

在网络环境下，这种状况将会有较大的改观。不管是大型企业，还是中小企业，均可以通过电子布告栏、线上讨论广场和电子邮件等方式，以极低的成本在营销的全过程中对消费者进行即时的信息搜集，而这在非网络环境下是中小企业所不敢想象的。同时，这也为消费者有机会对产品的设计、包装、定价、服务等问题发表意见提供了方便。通过这种双向互动的沟通方式，确实提高了消费者的参与性和积极性。反过来，也提高了企业营销策略的针对性，十分有助于实现企业的全程营销目标。

2. 网络营销有利于企业降低成本费用

对企业来说，网络营销最具诱惑力的优点之一即是可以降低企业交易成本。这可以从两个方面进行考察。

（1）运用网络营销可以降低企业的采购成本。传统企业原材料的采购不仅过程复杂、手续繁琐，而且采购成本较高。运用网络营销加强了企业与供应商之间的团结协作关系，将原材料的采购与产品的生产、研发过程有机地配合起来，形成一体化的信息传递和信息处理体系。

目前，已经有一些大的公司使用EDI(电子数据交换)建立一体化的电子采购系统，带来了劳动力、打印和邮寄成本的降低。有资料表明，使用EDI通常可以为企业节省5%~10%的采购成本，而采购人员也有更多的时间专心致力于合同条款的谈判，并注重与供货商建立更加稳定的购销关系。

（2）运用网络手段，可以降低促销成本。公司的网站尽管在建立和维护过程中需要一定的投资，但是与其他销售渠道相比，使用互联网作为企业的网络营销手段，其成本已经大大地降低了。

首先，可以降低材料等费用。产品特征、公司简介等信息都存储在网络里，可供顾客随时查询。所有的营销材料都可直接在线上更新，无需反复，从而可以大大节省打印、包装、存储、交通等费用。

其次，可以节省广告宣传费用。与传统的广告相比，无论是在宣传范围的广度和内容的深度方面，网络广告均具有无与伦比的优点，最主要的还是网络广告的功效费用比。有研究表明，假如使用互联网作为广告媒介进行网上促销活动，其结果是在增加十倍销售量的同时，只花费传统广告预算费用的1/10。一般而言，采用网上促销的成本只相当于直接邮寄广告花费的1/10。又一项研究认为，利用因特网发布广告的平均费用仅为传统媒体的3%。

再次，可以降低调研费用。在产品销售过程中，企业利用互联网进行大量的市场调查。这不仅为企业市场调查提供了国际性的空间领域，而且大大地降低了调查的各种费用。

最后，在提高售后服务效率的同时，大大降低了运作成本。传统的售后服务主要运用电话、书信等手段，不但需要的人手多，还常常会造成时间延误，使本有可能快速满意解决的问题变成顾客的抱怨甚至退货。在应用了网络营销之后，企业可在网页上提供精心设计的"商品注意事项"、"问题解答"、"使用程序"等资料。顾客可随时查询，几乎不需要多少费用就能把小问题"扼杀在摇篮里"，大问题也能在低成本条件下及时得到解决。

3. 网络营销增加了企业市场机会

首先，利用网络企业可以突破时间的限制。在传统企业中，企业每天营业时间最长的也是8~12小时，而在网上购物则是24小时／天，也就是说，网上购物是无时间限制的。另外利用网络可以突破传统市场中的地理位置的阻碍。如证券电子商务，网上股票交易；其次，由于受众准确，网络可以使企业的宣传只面向自己的潜在客户群，而不需要服务对自己产品漠不关心的人；再者，开展网上营销可以吸引新的顾客，如Dell公司富有个性化的网上计算机销售；最后，开展网上营销有利于企业开拓新产品市场，进一步细分和拓展市场。

4.通过互联网可以有效地服务于顾客，满足顾客的需要

当今世界，买方市场已经形成，商业竞争日趋激烈。任何一家企业，要想取得竞争优势，就必须充分考虑顾客的需要，正可谓"得顾客心者方能得天下"。网络营销正是实现这一目标的极佳方式。

网络营销是一种以顾客为导向，强调个性化的营销方式。网络营销比起传统营销的任何一个阶段或模式，更能体现以顾客为中心。顾客将拥有更大的选择自由，他们可根据自己的个性特点和需求，在全球范围内不受限制地寻找自己满意的商品。比如一家销售户外活动商品的商家，在网络上开展了定制旅行袋的业务，允许顾客根据自己的喜好，自行设计或修改旅行袋的式样、颜色、材料、尺寸、装饰品和附件等，还可绣上自己的姓名或其他标志。

网络营销能满足顾客对购物方便性的需求，提高顾客的购物效率。在传统的购物活动中，顾客一般要经过引起需要—收集信息—逛商店—选择商品—确定购买—付款结算—包装商品—取货或送货等一系列过程。这个过程中的相当一部分是在售货地点完成的，再加上购买者为购买商品所花费在路途上的时间等，无疑使他们必须在时间和精力上有很大的付出。同时，拥挤的交通和日益扩大的店面更延长了消费者为购物所耗费的时间和精力。现代社会的快节奏生活使人们越来越珍惜闲暇时间，希望多从事一些有益于身心健康的活动，充分享受生活。因此，顾客对购物的便捷性要求越来越高。随着网络营销的普及和发展，其方便快捷的优势被越来越多的消费者认可、接受和采用，极大地提高了顾客的购物效率。

六、网络营销对传统营销的冲击

根据美国市场营销协会 AMA 定义委员会的定义，市场营销是研究引导商品和服务从生产者到达消费者和使用者所进行的一切企业活动，包括消费者需求研究、市场调研、产品开发、定价、分销、广告、公关、销售等。在上述营销活动的各个过程中，在互联网上开展的网络营销活动在很大程度上有别于传统营销，因此，网络营销对传统营销所带来的冲击是多方面的，也是不可避免的。

1.对营销渠道的冲击

传统营销依赖层层严密的渠道，并以大量人力、物力与广告投入市场，这在网络时代将成为无法负荷的奢侈品。在未来，人员推销、市场调查、广告促销、经销代理等传统营销手法将与网络相结合，中间商的重要性将有所降低，并充分运用网上的各项资源，形成以最低成本投入，获得最大市场营业额的新型营销模式。

2.对定价策略的冲击

在网上对商品促销时，如果某种产品的价格标准不一致或经常改变，一方面客户将会通过互联网了解到这种价格差异，并可能因此导致客户的不满。另一方面代理商通过互联网搜索特定产品也将认识到这种价格差别，从而更加剧了价格歧视的不利影响。所以相对于目前的各种媒体来说，互联网先进的网络浏览和服务器会使变化不定的且存在差异的价格水平趋于一致。这将对公司不同的分销商和分布于海外的并在各地采取不同价格策略的销售业务产生巨大冲击。例如：如果一个公司对某地的顾客提供 15% 的价格折扣，世界各地的互联网用户都会从网络上了解到这个信息，从而可能会影响到那些通过分销商的销售业务和本来并不需要折扣的销售业务。

3. 对广告策略的冲击

企业开展网络营销主要通过互联网发布网络广告进行网上销售，网络广告将消除传统广告的障碍。

首先，相对于传统媒体而言，由于网络具有无限扩展性，因此在网络上做广告可以较少地受到空间篇幅的限制，尽可能将必要的信息展示出来。

其次，迅速提高的广告效率也为网上企业创造了便利条件。譬如，有些公司可以根据其注册用户的购买行为很快地改变向访问者发送的广告；有些公司可根据访问者特性如硬件平台、域名或访问时搜索主题等方面有选择地显示其广告。

4. 对标准化产品的冲击

利用互联网可以在全球范围内进行市场调研。商家从中可以迅速获得关于产品概念和广告效果测试的反馈信息，也可以测试顾客的不同认识程度，从而更加容易地对消费者行为方式和偏好进行跟踪。因而，在互联网大量使用的情况下，向不同的消费者提供不同的商品将不再是天方夜谭。

随着网络技术迅速向宽带化、智能化、个人化方向发展，用户可以在更广阔的领域内实现声、图、像、文一体化的多媒体功能。"个人化"把"服务到家庭"推向了"服务到个人"。正是这种发展使得传统营销方式发生了革命性的变化。它将导致大众市场的终结，并逐步体现市场的个性化，最终应以每一个用户的需求来组织生产和销售。

5. 对顾客关系的冲击

网络营销的企业竞争是一种以顾客为焦点的竞争形态，争取顾客、留住顾客群、建立亲密顾客关系、分析顾客需求等都是最热门的营销议题。例如，邮寄公司花费大笔资金建立它们能够推销产品的顾客名单，杂志和信用卡，公司把它们的订户和持卡人名单"出租"给试图对那些有兴趣向这些顾客销售的公司，但是顾客却几乎没有认识到他们的个人信息和个人的交易历史的价值，顾客几乎没有取得因他们自己的信息所创造的经济价值。

七、网络营销与传统营销的关系

网络营销作为传统营销的延伸与发展，既有与传统营销共性的一面又有别于传统营销的一面。随着网络营销的发展，其特点表现得越来越突出。

1. 网络营销与传统营销的相同点

（1）二者都是企业的一种经营活动。二者所涉及的范围不仅限于商业性内容，即所涉及的不仅是产品生产出来之后的活动，还要扩展到产品制造之前的研制开发活动。

（2）二者都需要通过组合发挥功能。二者都并不是单靠某种手段去实现目标，而是要开展各种具体的营销活动。现代企业的市场营销目标已不仅仅是某个目标，更重要的是要追求某种价值的实现。目标已成为企业所要达到的境界，实现这样的目标要启动多种关系，而且要制定出各种策略，最终才能够实现预计所要达到的目的。按照这样的要求，搞好营销需要一种综合能力。

（3）都把满足消费者需求作为一切活动的出发点。

（4）对消费者需求的满足，都不仅停留在现实需求上，而且还包含潜在的需求。

2. 网络营销与传统营销的不同点

网络营销与传统营销方式的区别是显而易见的，从营销的手段、方式、工具、渠道到营销策略都有本质的区别，但营销目的都是为了销售、宣传商品及服务、加强和消费者的沟通与交流等。虽然网络营销不是简单的营销网络化，但它仍然没有脱离传统营销理论，4P和4C原则仍在很大程度上适合网络营销理论。

（1）从产品和消费者上看。理论上一般商品和服务都可以在网上销售，实际上目前的情况并不是这样，电子产品、音像制品、书籍等较直观和容易识别的商品销售情况要好一些。从营销角度来看，通过网络是可以对大多数产品进行营销，即使不通过网络达成最终的交易，网络营销的宣传和沟通作用仍须受到重视。网络营销可真正直接面对消费者，实施差异化营销（一对一营销）。可针对某一类型甚至一个消费者制定相应的营销策略，并且消费者可以根据自己的需求来选择感兴趣的内容。这是传统营销所不能及的。

（2）从价格和成本上看。由于网络营销直接面对消费者，减少了批发商、零售商等中间环节，降低了营销费用，从而减少了销售成本，所以商品的价格可以低于传统销售方式的价格，从而产生较大的竞争优势。同时也要注意，减少了销售中的中间环节，商品的邮寄和配送费用也会在一定程度上影响商品的销售成本和价格。

（3）从促销和方便上看。在促销方式上，网络营销本身可采用电子邮件、网页、网络广告等方式，也可以借鉴传统营销中的促销方式。促销方式较比传统营销更加新颖、有创意，因此更能吸引消费者。在方便上，一方面网络营销为消费者提供了足不出户便可挑选购买自己所需的商品和服务的方便；另一方面，少了消费者直接面对商品的直观性，限于商家的诚实和信用，不能保证网上的信息绝对的真实；还有网上购物需等待商家送货或邮寄，在一定程度给消费者又带来了不便。

（4）从渠道和沟通上看。二者在渠道上的区别是明显的。由于网络的本身条件，离开网络便不可能去谈网络营销，而传统营销的渠道是多样的。由于网络有很强的互动性和全球性，网络营销可以实时地和消费者进行沟通，解答消费者的疑问，并可以通过 BBS、电子邮件快速为消费者提供信息。

八、网络营销与传统营销的整合

1. 意识观念的整合

从意识观念来看，企业不能把网络营销和传统营销完全地独立开来，二者是互补的，也是相融的，都是以满足顾客的需求为目标，实质没有变。

从理论基础来说，网络营销是传统营销在网络时代的延伸，4Ps 仍然可以作为其理论基础，只不过是网络营销一定程度上更加追求 4Cs，而 4Ps 和 4Cs 本来又是不可分的，是递进的关系。只有在意识观念上达到同一，才能真正实现网络营销与传统营销的整合。

2. 网络营销中营销组合概念的整合

网络营销过程中营销组合概念因产品性质不同而不同。对于无形产品，企业可以直接在网上完成其经营销售过程。对于有形产品和某些服务，虽然不能以电子化方式传递，但企业在营销时可利用互联网完成信息流和商流。

首先，传统营销组合的 4P 中的三个——产品、渠道、促销由于摆脱了对传统物质载体的依赖，已经完全电子化和非物质化了。因此，就知识产品而言，网络营销中的产品渠道和促销本身纯粹就是电子化的信息。它们之间的分界线已变得相当模糊，以至于三者不可分。如果不与作为渠道和促销的电子化信息发生交互作用，就无法访问或得到产品。

其次，价格不再以生产成本为基础，是以顾客意识到的产品价值来计算。

再次，顾客对产品的选择和对价值的估计很大程度上受网上促销的影响，因而网上促销的作用备受重视。

最后，由于网上顾客普遍具有高知识、高素质、高收入等特点，因此网上促销的知识、信息含量比传统促销大大提高。在这种情况下，传统的营销组合没有发生变化，价格则由生产成本和顾客的感受价值共同决定（其中包括对竞争对手的比较）。促销及渠道中的信息流和商流则是由可控制的网上信息代替，渠道中的物流则可实现速度、流程和成本最优化。因为网上简便而迅速的信息流和商流使中间商在数量上最大限度地减少甚至成为多余。综合以上两种典型的情况，在网络营销中，市场营销组合本质上是无形的，是知识和信息的特定组合。是人力资源和信息技术综合的结果。在网络市场中，企业通过网络市场营销组合，向消费者提供良好的产品和企业形象，获得满意的回报和产生良好的企业影响。

3. 企业组织的整合

网络营销带动了企业理念的发展，也相继带动了企业内部网络的发展，形成了企业内外部沟通与经营管理均离不开网络作为主要渠道和信息源的局面。销售部门人员的减少，销售组织层级的减少和扁平化，经销代理与门市分店数量的减少，渠道的缩短，虚拟经销商、虚拟部门等内外组织的盛行，都成为促使企业对于组织进行再造工程的迫切需要。

在企业组织再造过程中，在销售部门和管理部门中将衍生出一个负责网络营销以及和公司其他部门协调的网络营销管理部门。它区别于传统的营销管理，该部门主要负责解决网上疑问，解答新产品开发以及网上顾客服务等事宜。同时，企业内部网的兴起，将改变企业内部运作方式以及员工的素质。在网络营销时代到来之际，形成与之相适应的企业组织形态显得十分重要。总之，网络营销的产生和发展，使营销本身及其环境发生了根本的变革。以互联网为核心支撑的网络营销正在发展成为现代市场营销的主流。长期从事传统营销的各类企业，必须处理好网络营销与传统营销的整合。只有这样，企业才能真正掌握网络营销的真谛，才能利用网络营销为企业赢得竞争优势，扩大市场，取得利润。

4. 企业网站的建设与企业形象要相吻合

企业网站对企业的网络营销来说起着关键的作用。对于开展网络营销的企业来说，企业网站是其对外信息交流的门户和交易的平台，也代表着企业的形象。要使企业网络营销与传统营销有效的整合，那么企业在虚拟中的形象应该与现实中的形象达到一致，既要能够充分反映企业的实力规模又不能过分夸张。

所以，网络营销的企业必须建立一个能够宣传企业和企业产品，能够作为企业电子商务平台，能够充分满足企业信息交流的网站，并有专门的部门来维护网站的运行和对网站进行管理。相应地，为了使网络营销能够顺利开展，要求企业的其他部门特别是产品生产开发部门、物流和售后服务部门都要大力支持网络营销。要有专门的人员来处理网络营销有关的事务。

任务实施

网络营销方法

网络营销是借助一切被目标用户认可的网络应用服务平台开展的引导用户关注的行为或活动，目的是促进产品在线销售及扩大品牌影响力。在互联网 web1.0 时代，常用的网络营销方法有：搜索引擎营销、电子邮件营销、即时通信营销、BBS 营销、病毒式营销等。但随着互联网发展至 web2.0 时代，网络应用服务不断增多，网络营销方法也越来越丰富起来，先后又出现了博客营销、播客营销、RSS 营销、SN 营销、创意广告营销、口碑营销、知识营销、整合营销、事件营销等营销方法。

1. 搜索引擎营销

搜索引擎营销分两种：搜索引擎优化与搜索引擎广告营销。

搜索引擎优化是从网站自身出发而进行的优化，通过熟悉并利用各类搜索引擎后台运行方式进行目录索引以及确定某一关键词的搜索排名结果等技术来对网页内容做相关优化，使其符合用户浏览习惯，在不影响用户网上冲浪的前提下提高搜索引擎排名，从而提高网站的访问量和点击率，进而提升网站销售宣传能力，达到网络营销目的。

搜索引擎广告很好理解，是指购买搜索结果页上的广告位来实现营销目的。各大搜索引擎都推出了自己的广告体系，相互之间只是形式不同而已。搜索引擎广告的优势是相关性，由于广告只出现在相关搜索结果或相关主题网页中，因此，搜索引擎广告比传统广告更加有效，客户转化率更高。

企业如何进行搜索引擎营销？

第一步，了解产品/服务针对哪些用户群体。

第二步，了解目标群体的搜索习惯。

第三步，目标群体经常会访问哪些类型的网站

第四步，分析目标用户最关注产品的哪些特性。

第五步，竞价广告账户及广告组规划。

第六步，相关关键词的选择。

第七步，撰写有吸引力的广告文案。

第八步，内容网络广告投放。

第九步，目标广告页面的设计。

第十步，基于 KPI 广告效果转换评估。

KPI 是关键绩效指标法 (Key Performance Indicator) 的含义，它把对绩效的评估简化为对几个关键指标的考核，将关键指标当做评估标准，把员工的绩效与关键指标做出比较的评估方法，在一定程度上可以说是目标管理法与帕累托定律的有效结合。关键指标必须符合 SMART 原则：具体性 (Specific)、衡量性 (Measurable)、可达性 (Attainable)、现实性 (Realistic)、时限性 (Time-based)。

小知识

搜索引擎营销的常用手段

1. 竞价排名，顾名思义就是网站付费后才能出现在搜索结果页面，付费越高者排名越靠前。竞价排名服务，是由客户为自己的网页购买关键字排名，按点击计费的一种服务。客户可以通过调整每次点击付费价格，控制自己在特定关键字搜索结果中的排名，并可以通过设定不同的关键词捕捉到不同类型的目标访问者。

在国内最流行的点击付费搜索引擎有百度，雅虎和 Google。值得一提的是即使是做了 PPC (Pay Per Click, 按照点击收费) 付费广告和竞价排名，最好也应该对网站进行搜索引擎优化设计，并将网站登录到各大免费的搜索引擎中。

2. 购买关键词广告，即在搜索结果页面显示广告内容，实现高级定位投放，用户可以根据需要更换关键词，相当于在不同页面轮换投放广告。

3.搜索引擎优化（SEO），就是通过对网站优化设计，使得网站在搜索结果中靠前。搜索引擎优化(SEO)又包括网站内容优化、关键词优化、外部链接优化、内部链接优化、代码优化、图片优化、搜索引擎登录等。

4.PPC（Pay Per Call，按照有效通话收费），比如："TMTW 来电付费"，就是根据有效电话的数量进行收费，购买竞价广告也被称做 PPC。

2. 电子邮件营销

电子邮件营销是以订阅的方式将行业及产品信息通过电子邮件的方式提供给所需要的用户，以此建立与用户之间的信任与信赖关系。现在大多数公司及网站都已经利用电子邮件开展营销活动。下面就电子邮件营销的过程加以说明：

第一，邮件地址的选择

要针对自己的产品来选择 E-mail 用户。比如一家公司是做儿童用品的，那么我们选择什么样的 E-mail 用户群呢？根据我们的调查，母亲是最关心自己孩子的人，所以我们要锁定在女性 E-mail 用户群，而一般有宝宝的女性年龄大约在 25~35 岁。最终我们锁定年龄 25~35 岁的女性为 E-mail 用户，所以我们要根据自己公司的产品来定位 E-mail 用户群，以便于我们的宣传率达到最高。

第二，E-mail 的内容

首先 E-mail 标题要醒目，让人看到标题就能点击内容。对于产品的宣传标题是最重要的，如果标题不够吸引人，那么你的目标客户群可能不会去看你的邮件，更有可能会把你的邮件删除。所以标题内容要让你的客户群知道这是他关心的内容，要有引人注目的卖点。比如我们的目标客户群是一些有上进心的人、有创业精神的人，我们的主题就可以这样写:《财富之路》以书名来命名我们的标题，当他们看到这个标题后,就会迫不及待地点击，因为这是他们渴望了解的信息。

其次 E-mail 的内容要简洁明了，让目标客户一看就知道是做什么的，字数不要太长，一般在 200 字以内即可。要知道我们的目标客户在时间和耐心上是不允许我们长篇大论的。

第三，内容宣传要适度

写内容的时候要适度宣传产品 / 服务，不要言过其实。现在的目标客户通常是高素质的理性消费者，对于虚假的宣传内容不但不会接受，还会引起网络用户的反感，影响营销效果。

第四，确保邮件的内容准确无误

在邮件发送之前要经营销团队集体审核，确保无误。

第五，电子邮件的发送

发送电子邮件一定要注意不要将附件作为邮件内容的一部分，而应该使用链接的形式来使他们进入你想让他们看到的网页内容。由于邮件系统会过滤附件，或限制附件大小，以免给客户带入病毒。还要掌握发信频率，一般情况下，每两周发送邮件一次就是最高频率了。

3. 即时通讯营销

顾名思义，即利用互联网即时聊天工具进行推广宣传的营销方式。品牌建设，非正常方式营销也许获得了不小的流量，可用户不但没有认可你的品牌名称，甚至已经将你的品牌名称拉进了黑名单。所以，有效地开展营销策略要求我们考虑为用户提供对其个体有价值的信息。

4. 病毒式营销

病毒营销模式来自网络营销，利用用户口碑相传的原理，是通过用户之间自发进行的、费用低廉的营销手段。病毒式营销并非利用病毒或"流氓"插件来进行推广宣传，而是通过一套合理有效的积分制度引导并刺激用户主动进行宣传，是建立在有意于用户基础之上的营销模式。病毒营销的前提是拥有具备一定规模的，具有同样爱好和交流平台的用户群体。病毒营销实际是一种信息传递战略，是一种概念，没有固定模式，最直接有效就是许以利益。

病毒式营销实施步骤：

第一，进行病毒性营销方案的整体规划

确认病毒性营销方案符合病毒性营销的基本思想，即传播的信息和服务对用户是有价值的，并且这种信息易于被用户自行传播。

第二，病毒性营销需要独特的创意，并且精心设计病毒性营销方案

最有效的病毒性营销往往是独创的。独创性的计划最有价值，跟风型的计划有些也可以获得一定效果，但要做相应的创新才更吸引人。同样一件事情，同样的表达方式，第一个是创意，第二个是跟风，第三个做同样事情的则可以说是无聊了，甚至会遭人反感，因此病毒性营销之所以吸引人之处就在于其创新性。在方案设计时，一个特别需要注意的问题是，如何将信息传播与营销目的结合起来？如果仅仅是为用户带来了娱乐价值（例如一些个人兴趣类的创意）或者实用功能、优惠服务而没有达到营销的目的，这样的病毒性营销计划对企业的价值就不大了，反之，如果广告气息太重，可能会引起用户反感而影响信息的传播。

第三，信息源和信息传播渠道的设计

虽然说病毒性营销信息是用户自行传播的，但是这些信息源和信息传递渠道需要进行静心的设计，例如要发布一个节日祝福的 FLASH，首先要对这个FLASH 进行精心策划和设计，使其看起来更加吸引人，并且让人们更愿意自愿传播。仅仅做到这一步还是不够的，还需要考虑这种信息的传递渠道，是在某个网站下载（相应地在信息传播方式上主要是让更多的用户传递网址信息）还是用户之间直接传递文件（通过电子邮件、IM 等），或者是这两种形式的结合。这就需要对信息源进行相应的配置。

第四，原始信息的发布和推广

最终的大范围信息传播是从比较小的范围内开始的，如果希望病毒性营销方法可以很快传播，那么对于原始信息的发布也需要经过认真筹划，原始信息应该发布在用户容易发现，并且用户乐于传递这些信息的地方(比如活跃的网络社区)，如果必要，还可以在较大的范围内去主动传播这些信息，等到自愿参与传播的用户数量比较大之后，才让其自然传播。

第五，对病毒性营销的效果也需要进行跟踪和管理

当病毒性营销方案设计完成并开始实施之后(包括信息传递的形式、信息源、信息渠道、原始信息发布)，对于病毒性营销的最终效果实际上自己是无法控制的，但并不是说就不需要进行这种营销效果的跟踪和管理。实际上，对于病毒性营销的效果分析是非常重要的，不仅可以及时掌握营销信息传播所带来的反应(例如对于网站访问量的增长)，也可以从中发现这项病毒性营销计划可能存在的问题以及可能的改进思路，将这些经验积累为下一次病毒性营销计划提供参考。

5. BBS 营销

BBS 营销就是利用论坛这种网络交流的平台，通过文字、图片、视频等方式发布企业的产品和服务的信息，从而让目标客户更加深刻地了解企业的产品和服务，最终达到宣传企业的品牌、加深市场认知度的网络营销活动。

6. 博客营销

博客营销是建立企业博客，用于企业与用户之间的互动交流以及企业文化的体现。一般以诸如行业评论、工作感想、心情随笔和专业技术等作为企业博客内容，使用户更加信赖企业，深化品牌影响力。

博客营销可以是企业自建博客或者通过第三方 BSP 来实现，企业通过博客来进行交流沟通，达到增进客户关系，改善商业活动的效果。企业博客营销相对于广告是一种间接的营销，企业通过博客与消费者沟通、发布企业新闻、收集反馈和意见、实现企业公关等，这些虽然没有直接宣传产品，但是让用户接近、倾听、交流的过程本身就是最好的营销手段。企业博客与企业网站的作用类似，但是博客更大众随意一些。另一种，也是最有效而且可行的是利用博客(人)进行营销，这是博客界始终非常热门的话题。博客营销有低成本、分众、贴近大众、新鲜等特点，博客营销往往会形成众人的谈论，达到很好的二次传播效果，这个在外国有很多成功的案例，但在国内还比较少！

小案例

五粮液的博客营销推广

中国酒业大王五粮液集团全资子公司——五粮液葡萄酒有限责任公司宣布，与国内最大的跨平台博客传播网络 BOLAA 网携手合作，通过该平台在博客红酒爱好者中组织了一次大规模的红酒新产品体验主题活动。利用互联网新媒体对其红酒新产品进行大规模市场推广，这是传统名牌酒类企业利用互联网渠道进行的一次重要的营销突破。活动开展后短短几天，报

名参加体验活动的人数就突破了六千多人，最终五粮液葡萄酒有限责任公司在其中挑选了来自全国各地的 500 名知名的博客红酒爱好者参加了此次活动，分别寄送了其新产品国邑干红以供博客品尝。博客们体验新产品后，纷纷在其博客上发表了对五粮液国邑干红的口味感受和评价，迅速在博客圈内引发了一股关于五粮液国邑干红的评价热潮，得到了业界的普遍关注。五粮液葡萄酒有限责任公司通过此次活动受益匪浅，不仅产品品质得到大家的认可，品牌得到了大幅度提升，而且还实实在在地促进了产品销售，许多参加活动的博客表示五粮液新产品确实口感不错，以后他们自己也会去购买五粮液国邑干红。

7. SN 营销

SN：Social Network，即社会化网络，是互联网 web2.0 的一个特制之一。SN 营销是基于圈子、人脉、六度空间这样的概念而产生的，即主题明确的圈子、俱乐部等进行自我扩充的营销策略，一般以成员推荐机制为主要形式，为精准营销提供了可能，而且实际销售的转化率偏好，例如：Google G-mail 邮箱即采用推荐机制，只有别人发给你邀请，你才有机会体验 G-mail。同时，当你拥有了 G-mail 又可以给其他人发邀请，用户通过邀请机制扩展了其社交网络。因此，Google G-mail 通过人的不断传递与相互关联实现了品牌的传递。这也可以说是病毒式营销的升华，这对于用户认可产品的品牌起到很强的作用。

8. 网络社区营销

网络社区（BBS、SNS、BLOG）是用户常用的服务之一，由于有众多用户的掺和，因而不仅已具备交流的功能，实际上也成为一种营销场所。

网络社区是网络营销里最具备互动特征的营销工具之一。网络社区营销，是网络营销区别于传统营销的重要表现。网络社区营销主要有两种形式：利用其他网站的社区和利用自己网站的社区。

缺陷：网络社区营销的成功概率是很低的，尤其是作为产品促销工具时。另外，随着互联网的飞速发展，出现了许多专业的或综合性的 B2B 网站，其主要职能就是帮助买卖双方撮合交易。

因此，一般的网络社区的功能和作用也发生了很大变化，网络营销的手段也更加专业和深化，网络社区的营销功能事实上已在逐渐淡化，而是向着增加网站吸引力和顾客服务等方向发展，所以，当我们利用网络社区进行营销时，要正视这一手段的缺陷，不要对此抱太大的期望。

9. 口碑营销

企业在调查市场需求的情况下，为消费者提供需要的产品和服务，同时制定一定的口碑推广计划，让消费者自动传播公司产品和服务的良好评价，从而让人们通过口碑了解产品、树立品牌、加强市场认知度，最终达到企业销售产品和提供服务的目的。

口碑营销虽然并非 2.0 时期才有的，但是在 2.0 时代表现得更为明显，更为重要。

10. 网络整合营销

网络整合营销传播是20世纪90年代以来在西方风行的营销理念和方法。它与传统营销"以产品为中心"相比,更强调"以客户为中心";它强调营销即是传播,即和客户多渠道沟通,和客户建立起品牌关系。

其实,它就是利用互联网各种媒体资源(如门户网站、电子商务平台、行业网站、搜索引擎、分类信息平台、论坛社区、视频网站、虚拟社区等),精确分析各种网络媒体资源的定位、用户行为和投入成本,根据企业的客观实际情况(如企业规模、发展战略、广告预算等)为企业提供最具性价比的一种或者多种个性化网络营销解决方案。像百度推广、白羊网络等大公司都是这方面的佼佼者。

11. 网络视频营销

网络视频营销:"通过数码技术将产品营销现场实时视频图像信号和企业形象视频信号传输至互联网上"。客户只需上网登录公司网站就能看到对公司产品和企业形象进行展示的电视现场直播。在网站建设和网站推广中、为加强浏览者对网站内容的可信性、可靠性而独家创造的。在这以前,所有的网站建设和网站推广方式所能起的作用只是让网民从浩如烟海的互联网世界中找到您,而"网络电视营销"使找到您的网民相信您。

企业或者组织机构利用各种网络视频,比如科学视频、教育视频、企业视频等网络视频发布企业的信息,企业产品的展示、企业的各种营销活动以及各种组织机构,利用网络视频把最需要传达给最终目标客户的信息通过各种网络媒体发布出去,最终达到宣传企业产品和服务,在消费者心中树立良好的品牌形象从而最终达到企业的营销目的,这就是网络视频营销。

12. 知识型营销

知识型营销就像百度的"知道",通过用户之间提问与解答的方式来提升用户黏性,你扩展了用户的知识层面,用户就会感谢你,试想企业不妨建立一个在线疑难解答这样的互动频道,让用户体验企业的专业技术水平和高质服务,或是不妨设置一块区域,专门向用户普及相关知识,每天定时更新等。

拓展知识

网络整合营销的步骤

网络整合营销的步骤,有以下七个:

(1)找准市场机会和营销目标。

(2)设计客户体验功能。通过取得第一批客户,建设以他们为主导的信息和商务服务网站。

(3)利用技术和数据库手段,根据这部分用户反馈的信息进行分析,确定主要营销战术,满足更多更重要的用户需求。

（4）设计论坛和社区，建立用户与用户的交流平台，设计商家与顾客的交互功能，以需求一种用户的忠诚度。

（5）确定对外传播信息，根据已有用户的信息涉及和分配各人群的需求，进行对外口碑传播。

（6）分析各传播工具的特性以及信息需求，引导外在用户产生兴趣和需求。

（7）实施各种免费服务策略，发现用户潜在需求，诱导传播和消费。

复习思考题

1. 网络营销的工具有哪些？

2. 传统营销与网络营销的区别表现在哪些方面？

3. 网络营销的功能表现在哪几个方面？如何发挥各功能的优势来提高企业市场占有率？

技能训练

认识网络营销现实情况

一、实验目的

1. 通过对主要门户网站的浏览，了解网络营销的基本现实状况

2. 通过访问相关企业营销网站，体会虚拟市场的概念，认识常见的网络营销方式

二、实验内容

1. 访问 www.cnnic.com 了解互联网络信息情况

2. 登录 C2C 网站（淘宝、易趣网站任选一个），体验买卖的过程

三、注意事项

1. 各拍卖网站都有一些专用名词，在操作前需要了解其定义

2. 在注册过程中，注意网站对注册用户的提示信息，注意对自己有关隐私的保密

3. 建议同学们在"淘宝网"进行实验，主要是因为"淘宝网"目前是免费的，即使误发布信息也不会产生费用

四、实验要求

实验报告内容包括实验的操作过程和实验体会，能根据自己的实验过程分析一下目前拍卖网站存在的一些问题或管理漏洞。

总结与回顾

网络营销是以互联网络为媒体，以新的方式、方法和理念，实施营销活动，更有效地促成个人和组织交易活动实现的新型营销模式。它是企业整体营销战略的一个组成部分，是为实现企业总体或者部分经营目标所进行的，以互联网为基本手段营造网上经营环境的各种活动。

网络营销具有跨时空、多媒体、交互式、拟人化、成长性、整合性、高效性等特点；具有信息发布、商情调查等多种功能；具有利于企业降低成本费用、增加企业市场机会等

优势。

　　网络营销作为传统营销的延伸与发展，两者既有共性的一面又有不同一面。网络营销对传统营销所带来的冲击是多方面的，也是不可避免的。

　　网络营销的职能的实现需要通过一种或多种网络营销手段，常用的网络营销方法有搜索引擎营销、电子邮件营销、即时通信营销、BBS 营销、病毒式营销等。

网络市场调研

项目描述

在市场竞争压力下，如何能成为地域性知名行业领军企业？那就必须通过调研了解消费者真正的需求。摸清目标市场和营销环境，为经营者细分市场、识别受众需求和确定营销目标等提供相对准确的决策依据。

学习目标

学习目标	知识目标	了解网络市场调研的概念、优势和内容 掌握网络市场调研的步骤 熟知网络市场调研项目计划书包含的内容 掌握在线调研问卷设计的技巧 熟悉调查问卷的格式 掌握撰写网络市场调研报告主要工作程序
	能力目标	学会收集信息能力 制定市场调研计划能力 能够根据调研的目的设计调查问卷 学会撰写网络市场调研报告
	素质目标	与被调查者沟通等人际交往能力 具有分析问题、解决问题的能力 团结协作意识，较强集体荣誉 严格的纪律性，服从大局，严于律己

技能知识

网络市场调研，网络市场调研计划，网络调研问卷，网络调研报告

"状元红"瓶酒二进大上海

"状元红"酒是历史名酒，从明末清初至今，享誉已有300多年了，其生产厂家是河南上蔡酒厂。这种酒不但颜色红润晶莹、醇香可口，而且是调血补气的好酒。自从上蔡厂状元红获得河南省优质产品证书后，畅销北国。于是，上蔡厂决定向上海推销状元红名酒，首批状元红酒运至上海试销，结果大失所望，很少有人买。

"古老名酒"的牌子，又按古配方生产，为什么在上海遭受冷遇？在北方供不应求的畅销货，为什么进军上海后全军覆没？上蔡厂进行了市场调查，发现有以下几个原因，造成"状元红"不走红。首先，目标市场不明，不知道哪些消费者会购买酒，消费者喜欢什么样的酒。因而，误认为凭状元红的名声，到上海还不是旗开得胜？其实错了，因为状元红在北方享有盛名，在上海知名度很低，

消费者一看颜色，误以为是单纯的药酒，年轻人就不来购买，老年、中年人也不图"状元"的名声，因而状元红没有顾客需求。其次，商标与装潢陈旧。"状元红"一进大上海时，正值上海瓶酒市场琳琅满目，该产品在陈列架上其貌不扬，包装陈旧，因而引不起购买者的强烈购买欲。还有销售渠道单一，只在上海特约经销单位销售，宣传面较窄，不易产生强烈效果。

为了再进上海市场，上蔡厂联合起特约经销单位对5家大酒店进行了购买者调查，结果如下。

1. 购买者年龄百分比：老年8%；中年28%；青年64%。

2. 购买目的：自用37%；送礼52%；外流11%。

3. 购买档次：（分价格档次购买人数比重）2元以下32%；2至5元40%；5至8元26%；8元以上2%。

从以上典型调查发现，消费者主要是青年，用于送礼、自备"装饰"为多。于是，上蔡厂将状元红的消费者针对年轻人细分市场，并在礼酒、装饰酒上做文章。既然是年轻人送礼、装饰用则包装要新，决定争取三新（产品新、样式新、商标新）。因而将原来一斤装的改成一斤装与一斤半装两个瓶装式样，再瓶子外边装一个精致盒子，外有呢绒丝网套，抓好了美观、便利的特性，零售时还附有说明书，说明历史名酒及功能，加强顾客的信任感及其促销作用。对于销售渠道，也一改过去的单一渠道，在上海南京路各食品店全面投放，再加上报纸广播的广告宣传，消息一传出，即引来争相购买的顾客。"状元红"酒二进上海，第一批近5000瓶"状元红"在几小时内扫空，南京路各零售店的粗略统计，"状元红"酒的销售量占总瓶酒销售量的11%，而其销售额还占瓶酒总销售额的60.7%呢！

思考问题：

1. "状元红"酒二进上海市场，成功的主要因素是哪些？

2. 通过对该案例的分析，你认为企业市场调研有必要吗？为什么？

任务一　制定市场调研计划

任务分析

　　网络市场调研是网络营销前期工作中最重要的环节之一，企业通过它可以获得竞争对手的资料。摸清目标市场和营销环境，为经营者细分市场、识别消费者需求和确定营销目标等提供相对准确的决策依据。那么网络市场调研有什么方法？与传统市场调研有何不同？是按照怎样的步骤来实施的？

相关知识

一、网络市场调研的概念

　　网络市场调研就是指利用互联网有目的、有计划地收集、整理和分析与企业市场营销有关的各种情报、信息和资料，为企业市场营销提供依据的信息管理活动。网上调研可更快、更广泛地搜集市场信息，促使企业生产适销对路的产品，及时地调整营销策略。

二、网络市场调研的特点

1.网络信息的及时性和共享性

　　利用网络的开放性，网络信息能迅速传递给上网的任何网民；任何网民都可以参加投票和查看结果，很快就能查看到阶段性的调研结果。

2.网络调研的便捷性与低费用

　　网上调研可节省大量人力和物力。在网络上进行调研，只需要一台能上网的计算机即可。调查者在企业站点上发出电子调查问卷，网民自愿填写，然后通过统计分析软件对访问者反馈回来的信息进行整理和分析。

3.网络调研的交互性和充分性

　　网络的最大好处是交互性。在网上调查时，被调查对象可以及时就问卷相关的问题提出自己更多的看法和建议，可减少因问卷设计的不合理而导致的调查结论偏差等问题。同时，被调查者还可以自由地在网上发表自己的看法，也没有时间限制的问题。

4.调研结果的可靠性和客观性

　　由于公司站点的访问者一般都对公司产品有一定的兴趣，被调查者是在完全自愿的原则下参与调查，调查的针对性很强；访问者填写调查问卷也是自愿的，回答问题相对认真些，所以问卷填写可靠性高；由于网上调查可以避免传统调查中人为错误所导致调查结论的偏差，被调查者是在完全独立思考的环境下接受调查，不会受到调查员及其他外在各种因素的误导和干预，能最大限度地保证调查结果的客观性。

5.网络调研无时空、地域限制

网上市场调查可以24小时全天候进行，这与受区域制约和时间制约的传统调研方式有很大的不同。

6.网络调研的可检验性和可控制性

利用互联网进行网上调查收集信息，可以有效地对采集信息的质量实施检验和控制。

三、网络市场调研的主要内容

1.市场需求研究

主要研究和分析市场需求状况，旨在掌握市场需求量、市场规模、市场占有率以及如何运用有效的经营策略和手段。

2.用户及消费者购买行为的研究

主要研究和分析用户及消费者的年龄、性别、受教育程度、购买动机、消费习惯、消费偏好等，主要目的在于更好地了解消费者，为新产品开发与研究、售后服务、营销策略、开发潜在用户等提供科学依据。

3.营销因素研究

主要包括产品研究、价格研究、分销渠道研究、促销策略研究、广告策略研究，特别是网络营销研究，为企业的发展战略和策略提供依据和建议。

4.竞争对手研究

主要研究和分析竞争对手的发展战略与策略、合作伙伴、市场占有率、产品技术特点、新产品研发、分销渠道、产品价格策略、广告策略、销售推广策略、服务水平等情况。努力做到知己知彼，为公司有关决策提供依据。

5.宏观环境研究

主要研究和分析企业目标市场所处国家与地区的宏观环境，如经济、自然地理、科学技术、政治法律、社会文化、政府、风俗、稳定与安全等方面因素的影响。

四、网络市场调研的步骤

网络市场调研与传统的市场调研一样，应遵循一定的方法与步骤，以保证调研过程的质量。网络市场调研一般包括以下几个步骤。

1.明确问题与确定调研目标

明确问题和确定调研目标对使用网上搜索的手段来说尤为重要。在开始网上搜索时，要紧紧围绕既定调研目标和所要调研的问题进行搜索，才能尽快精确取得所需数据信息。下面举例说明一些可以设定为目标的问题：

（1）谁有可能想在网上使用你的产品或服务？

（2）谁是最有可能要买你提供的产品或服务的客户？

（3）在你这个行业，谁已经上网？他们在干什么？

（4）你的客户对于你竞争对手的印象如何？

（5）在公司日常的运作中，可能要受哪些法律、法规的约束？如何规避？

2.确定网络市场调查的对象

网络市场调查的对象，主要分为企业产品的消费者、企业的竞争者与企业合作者和行业中的中立者三大类。

（1）企业产品的消费者。消费者在网上购物时必然要访问企业的站点，利用企业首页所提供的分类、目录或搜索引擎工具，浏览商品的说明、功能、价格、售后服务等信息。企业调查人员通过互联网跟踪消费者，了解他们对企业的意见和建议。

目标对象识别法是目前互联网上出现的一项人口统计技术。这种技术能在被应用的站点上跟踪调查访问者，从而有助于网络调查人员及时、准确地对访问企业站点的人数进行统计，进而分析顾客的分布范围和潜在消费市场的区域。

（2）企业的竞争者。市场调研人员通过互联网进入竞争者的站点，查询面向公众的所有信息，如竞争企业的历史、企业结构、产品系列、有关年度评价报告、营销措施等，分析竞争者的有关动态信息，从而准确把握行业竞争趋势，做到知己知彼。

（3）企业合作者和行业中的中立者。企业合作者和行业中的中立者，如咨询公司、法律事务所、审计事务所等，可以提供一些极有价值的信息和比较客观的评估分析报告。

3.制定调查计划

网上市场调研的第二个步骤是制定出最为有效的信息搜索计划。具体来说，要确定资料来源、调查方法、调查手段、抽样方案和联系方法。下面就相关的问题来说明：

（1）资料来源。确定收集的是二手资料还是一手资料（原始资料）。

（2）调查方法。网上市场调查可以使用专题讨论法、问卷调查法和实验法。

专题讨论法是借用新闻组、邮件列表讨论组和网上论坛（也可称BBS，电子公告牌）的形式进行。

问卷调查法可以使用E-mail（主动出击）分送和在网站上刊登（被动）等形式。

实验法则是选择多个可比的主体组，分别赋予不同的实验方案，控制外部变量，并检查所观察到的差异是否具有统计上的显著性。这种方法与传统的市场调查所采用的原理是一致的，只是手段和内容有差别。

（3）调查手段。调查手段主要有在线问卷、交互式电脑辅助电话访谈、网络调研、抽样调查等。

4.收集信息

网络通信技术的突飞猛进使得资料收集方法迅速发展。互联网没有时空和地域的限制，因此网上市场调研可以在全国甚至全球进行。同时，收集信息的方法也很简单，直接在网上递交或下载即可。这与传统市场调研的收集资料方式有很大的区别。

如某公司要了解各国对某一国际品牌的看法，只需在一些著名的全球性广告站点发布广告，把链接指向公司的调查表就行了，而无需像传统的市场调研那样，在各国找不同的代理商分别实施。诸如此类的调查如果利用传统的方式是无法想象的。

在问卷回答中访问者经常会有意无意地漏掉一些信息，这可通过在页面中嵌入脚本或CGI程序进行实时监控。如果访问者遗漏了问卷上的一些内容，其程序会拒绝递交调查表或者验证后重发给访问者要求补填。最终，访问者会收到证实问卷已完成的公告。在线问卷的缺点是无法保证问卷上所填信息的真实性。

5.分析信息

收集信息后要做的是分析信息，这一步非常关键。"答案不在信息中，而在调查人员的头脑中"。调查人员如何从数据中提炼出与调查目标相关的信息，直接影响到最终的结果。要使用一些数据分析技术，如交叉列表分析技术、概括技术、综合指标分析和动态分析等。目前国际上较为通用的分析软件有SPSS、SAS等。网上信息的一大特征是即时呈现，而且很多竞争者还可能从一些知名的商业网站上看到同样的信息，因此分析信息能力相当重要，它能使你在动态的变化中捕捉到商机。

6.提交报告

调研报告的撰写是整个调研活动的最后一个阶段。报告不是数据和资料的简单堆砌，调研人员不能把大量的数字和复杂的统计技术扔到管理人员面前，否则就失去了调研的价值。正确的做法是把与市场营销关键决策有关的主要调查结果报告出来，并以调查报告所应具备的正规结构写作。

作为对填表者的一种激励或犒赏，网上调查应尽可能地把调查报告的全部结果反馈给填表者或广大读者。如果限定为填表者，只需分配给填表者一个进入密码。对一些"举手之劳"式的简单调查，可以实施互动的形式公布统计的结果，效果更佳。

王老吉：亚运会步步为营

零点公司近期发起了一项调研，了解人们对于广州亚运会赞助商的识别和认知度。这份名为《城市关键活动影响力研究SIKCE——广州亚运会》的结果出乎意料：在接受调研的30个企业样本中，公众普遍认为是亚运赞助商的前10个企业中，有一半并非是亚运赞助商；而公众普遍认为不是赞助商的10个企业中，有9个是真正的亚运赞助商。

王老吉不在"错打"之列。调查显示，近40%的公众能识别王老吉的亚运赞助商身份，并且在北京、上海、广州三地其识别率高达50%，相比其他知名大企业20%左右的识别率，王老吉的这一成绩相当突出。从2009年2月获得亚运会非运动饮料赞助商资格之后，王老吉就开始层层推进亚运营销，从"唱响亚运 先声夺金"亚运歌手选拔赛，到"举罐齐欢呼 开罐赢亚运"全民欢呼照片大征集，历时一年多的营销战役，在这份调查中小露成果。

王老吉近年创造了中国快消品销售史上的奇迹：国家食品工业协会统计的数据显示，王老吉2002年销售1.8亿元，2004年跃升至15亿元，2008年销售更是突破100亿元。在产品销售已经达到一个新的高度后，王老吉如何借助体育营销再次发力？

从2009年王老吉成为亚运会赞助商之后的一年多时间内，王老吉通过完备的亚运体育营销，将品牌和消费者的沟通提升至新的层面，同时在营销模式上成为国内体育营销的创新范本。

资料来源：成功营销http://www.sina.com.cn

任务实施

制定网络市场调研计划

1.确定调研的目标和范围

在网络市场调研工作中强调首先做正确的事，然后是正确地做事。对于计划进行网络市场调研的企业，典型的调研有对竞争对手的研究、市场需求的研究、用户及消费者购买动机的研究、营销因素的研究、宏观环境的研究等。

（1）明确调研的目标。由于不同的调研目标所针对的调研对象、调研方法不尽相同，因此在制定市场调研计划之前首先要确定调研目标。在明确网上市场调研的目的、要求和限制的前提下，编制调研计划，是正确做事的第一步，主要计划有范围计划、时间计划、成本计划、质量计划、风险计划、人力资源等计划，撰写网上市场调研计划书。

（2）明确网上市场调研项目的范围。明确叙述网上市场调研项目的背景、目的、委托人、项目负责人、主要人员组成、时间限制、资金限制、质量、样本数量、调研问卷等方面的要求。

2.制定有关计划

主要有时间计划、成本计划、人力资源计划、风险计划和沟通计划等。

（1）时间计划。时间计划是将工作的主要阶段按照进程进行划分，如制定调研初步计划、设计网上调研问卷、完成网上调研实施、进行数据处理与分析、撰写网上市场调研报告、报告的修改审查、报告提交与发布等阶段，明确每个阶段应完成的任务内容及要求、提交成果的日历时间、负责人等内容。

（2）成本计划。成本计划主要考虑资金的限制和来源，如果资金已经给定，必须将调研工作进行分解，将资金分解到各项工作中并进行资金控制，避免出现超支。

（3）人力资源计划。人力资源计划主要按照工作分工，将工作落实到每一位项目组成员，可以分组承担边界较为清晰的子项目。

（4）风险计划。风险计划主要包括风险识别、风险分析和制定风险应急计划。

> **小提示**
>
> 　企业在制定时间计划和成本计划时要留有一定余量，一般项目经理应该掌握5%～10%的弹性资源。但余量不能太多，否则会造成资源浪费或者在实际工作中贻误时机，给企业造成影响。

（5）沟通计划。沟通计划主要明确在工作进行中如何进行信息交换和意见的交流。

3.撰写项目计划书

网络市场调研项目计划书主要包括如下内容：

（1）封面。主要包括项目名称、委托单位、承办单位、项目负责人、日期等。

（2）计划书摘要。计划书的主要内容简介，300字左右。

（3）计划书结构。第一部分：网络市场调研项目概述。主要说明网上市场调研项目的背景、目的、要求提交的成果、委托人、项目负责人、项目主要人员组成、时间限制、资金限制、质量要求、样本数量、主要方法等方面的要求。

第二部分：网络市场调研项目计划。分项列出项目最终提交的成果与阶段成果、时间计划、成本计划、质量计划、组织分工与责任、沟通计划、风险计划等主要计划。计划要明确，尽量满足可完成、可跟踪、可测量、可控制等要求。

第三部分：附件。将有关的报表、参考资料、合同等与项目关系密切的资料作为附件附在计划书的后面。

4.通过审批，正式发布执行

计划书制定后要首先在项目组内进行讨论修改，然后与有关客户或部门进行沟通，最后提交给有关领导进行审查批准。批准后的计划作为工作验收基准。但一般在实际工作中由于各种情况的变化，计划允许进行修改，但修改必须得到相关方面的批准或认定，然后按照新的计划执行。

复习思考题

1.撰写网络市场调研计划的步骤有哪些？

2.网络市场调研项目计划书的内容有哪些？

技能训练

网上零售市场调研

1.实训任务：网上零售市场调研

2.实训目的：熟练运用搜索引擎等工具搜集网络商务信息并能够合理分析整理；通过调研为淘宝开店做初步规划

3.实训内容及要求

（1）调查分析各大网络零售平台热卖商品以及网络消费者的需求情况

1）进入淘宝网，当当网，京东商城，卓越网等零售平台调查分析

2）通过搜索引擎等工具搜集资料调查分析

（2）调查分析货源情况

1）进入阿里巴巴中国站，调查分析货源情况

2）进入淘宝网，了解网店代销货源以及需要具备的条件

3）在百度上搜索网店代销，进入一些招募网店代销的企业网站，了解货源情况以及网店代销需要具备的条件

（3）调查分析竞争对手情况

在淘宝网上分析研究淘宝卖家的店铺：店铺设计，产品描述，促销，销售，客服，物流等情况

（4）根据调查结果，初步规划团队淘宝店铺

任务二　设计网络市场调研问卷

任务分析

网上问卷调查是一个蓬勃发展的新行业，人们越来越认识到，在线调查是一

个了解顾客的很好的渠道，但前提是必须设计一个好的调查表。只有设计正确的调查表，才能得到正确的反馈信息。

相关知识

一、网络市场调研方法

（一）网络市场直接调研的方法

网络市场直接调研指的是为当前特定的目的在互联网上收集一手资料或原始信息的过程。直接调研的方法有四种：观察法、专题讨论法、在线问卷法和实验法。但网上使用最多的是专题讨论法和在线问卷法。

调研过程中具体应采用哪一种方法，要根据实际调查的目的和需要而定。需注意一点，应遵循网络规范和礼仪。下面重点介绍两种方法。

1.专题讨论法

专题讨论法可通过Usenet新闻组、电子公告牌（BBS）或邮件列表讨论组进行。其步骤如下：

（1）确定要调查的目标市场。

（2）识别目标市场中要加以调查的讨论组。

（3）确定可以讨论或准备讨论的具体话题。

（4）登录相应的讨论组，通过过滤系统发现有用的信息，或创建新的话题，让大家讨论，从而获得有用的信息。

具体地说，目标市场的确定可根据Usenet新闻组、BBS讨论组或邮件列表讨论组的分层话题选择，也可向讨论组的参与者查询其相关名录。还应注意查阅讨论组上的FAQ（常见问题），以便确定能否根据名录来进行市场调查。

2.在线问卷调研法

在线问卷调研法是将问卷在网上发布，被调研对象通过互联网完成问卷调研。在线问卷调研一般有两种途径：一种是将问卷放置在www站点上，等待访问者访问时填写问卷，如CNNIC每半年进行一次的"中国互联网络发展状况调研"就是采用这种方式。这种方式的好处是填写者一般是自愿性的，缺点是无法核对问卷填写者真实情况。为达到一定问卷数量，站点还必须进行适当宣传，以吸引大量访问者。另一种是先通过讨论组送去相关信息和向其他网站发放问卷广告，然后并把链接指向放在自己网站上的问卷。

小提示

在线问卷不能过于复杂、详细，在线问卷设计得不好，会占用被调查者很多时间，使被调查者无所适从甚至感到厌烦，最终影响问卷的反馈率，影响调查表收集数据的质量。

3.网络观察法

大量观察法是传统市场调研最常用的方法，所取得的数据属于第一手资料，大部分的观察资料都是客观的，因此具有极高的可信性。网络观察法可以利用网络工具来对与营销活动有关的网络活动观察，记录其活动的痕迹，并加以分析。Cookie是最常见的网络跟踪工具，这个间谍式的程序可以记载调查对象的所有活动经历。

4.在线实验法

实验法的使用在市场调研中有一定的地位，具体做法是通过对不同条件的组合，给予不同的刺激或不给刺激，然后比较其反应，分析存在的差距和原因。网络广告效果测试中就经常采用这一方法，通常的以点击数来衡量广告效果的做法并不科学，因为关注广告的用户可能并不去点击Banner，而点击者因为各种目的却根本没有关注广告。测试结果可以明确显示用户对不同形式的网络广告关注的程度。建议广告主有选择地投放广告。

（二）网络市场间接调研的方法

根据收集信息资料的技术方法不同，网络间接市场调研有搜索引擎、公告栏、新闻组和电子邮件、网络数据库等多种调研方式。

1.利用搜索引擎收集资料

由于互联网上庞大的信息量，人们开发了一些支持管理信息的工具。这些工具包括各类搜索引擎。企业可以借助网络搜索引擎找到市场调研所需要的资料。网上的搜索引擎很多，比较著名的中文搜索引擎如雅虎、搜狐、新浪、谷歌等，还有一些专业领域的搜索引擎。这些搜索引擎储存了数以百万计的网页资料，为我们查找资料及寻找调研对象提供了非常好的途径。在进行市场调研时，可根据调研目的和调研对象来选择合适的搜索引擎，如果要查找专业性很强的资料，最好选择专业性的搜索引擎进行搜索，如果是一般的资料，最好选择知名度高、信息存储量大的搜索引擎，确保获取资料的全面性。

2.利用BBS论坛、新闻组、聊天室收集资料

网络消除了时间和空间的界限，许多虚拟社区应运而生。虚拟社区的方式有许多种，常见的主要有BBS、新闻组、聊天室和各种论坛等。这些各种各样的虚拟社区把具有相同和相似爱好的客户联系起来，对于企业而言，这是一个很好的目标市场，也是一个重要的信息来源。

3.利用电子邮件收集资料

电子邮件是互联网使用最广的通信方式，它不但费用低廉，而且使用方便快捷，最受用户欢迎，许多用户上网主要是为了收发电子邮件。目前许多ICP和传统媒体以及一些企业都利用电子邮件发布信息。一些传统的媒体公司和企业，为保持与用户的沟通，也定期给公司用户发送电子邮件，发布公司的最新动态和有关产品的服务信息。因此通过电子邮件收集信息是最快捷有效的

渠道，收集资料时只需要到有关网站进行注册，以后等着接收电子邮件就可以了。

4.利用网络数据库收集资料

网络上有许多数据库，可供用户在线查询。数据库有免费的，也有收费的，它们所提供的服务也各不相同。网络数据库一般都有检索功能，通过关键词、标题、作者、日期等参数可以增加查询的准确度。

5.访问相关的网站并收集资料

如果知道某一专题的信息主要集中在哪些网站，可直接访问这些网站，获得所需的资料。下面介绍几个常用的网站。

（1）环球资源。"环球资源"（http://www.globalsources.com）是B2B服务提供商，为买卖双方提供增值服务。它提供的服务和产品首先是基于买家的需求而设立的。其强大的搜索引擎分三大类：产品搜索、供应商搜索和全球搜索。

（2）阿里巴巴。阿里巴巴是中国互联网商业先驱，它连接着全球186个国家和地区的45万商业用户，为中小企业提供海量的商业机会、公司资讯和产品信息，建立起了国际营销网络。阿里巴巴网站提供的商业市场信息检索服务分为三个方面：商业机会、公司库和样品库。注册会员还可以通过选择订阅"商情特快"获得各类免费信息。

（3）专业调查网站。如博大调查引擎(http://www.poll4n.cn)，中国商务在线的"市场调查与分析"http://www.businessonline.com.cn/eleet/tuwen.asp，问道（http://www.askform.cn/）等。

阅读材料

某进口品牌葡萄酒价格信息的调研方案中，有一项是对各国进口商的详细信息的收集。收集进口商的信息，是网络营销中一个重要的环节，其目的是建立一个潜在的客户数据库，从中选出真正的合作伙伴和代理商。需要收集的具体内容包括：进口商的历史、规模、实力、经营的范围和品种、联系方法（电话、传真、E-mail）。对于已经建立了网站的进口商，只要掌握了网址就掌握了以上信息。对于没有建立网站的进口商，可以先得到其联系方法，建立起联系后再询问。网上该项调研方案的具体方法有以下几种：

方案1：利用Yahoo等目录型的搜索工具收集；

方案2：利用Infoseek等数量型的搜索工具查询；

方案3：通过地域性的搜索引擎查询；

方案4：通过商业黄页等商业工具查询；

方案5：通过专业的管理机构及行业协会查询；

方案6：通过最大的进口商_各国的酒类专卖机构查询。

二、在线调研问卷设计的技巧

1.问卷设计主题明确，问题简短扼要、少而精

在问题设计过程中，表达方式尽量浅显易懂，避免在问卷中使用一些行业术语和缩写词。在问卷中表达得越浅显清楚，越受调查者欢迎。过于专业化的概念可能会使得被调查者不知该如何回答问卷上的问题，无关紧要的问题或者没有太大实际价值的资料无须出现在调研表中，一般所提问题不应超过20项，时间大约15分钟。

2.所提问题不应有偏见或误导

在问题设计时，避免使用晦涩、纯商业以及幽默等容易引起人们误解的语言，同时，不要把两种及以上的问题放在一个问题中，例如，"你认为这种饮料是否口感很好且价格便宜？"这样的问题将使回答者在不完全肯定时无法选择，如果你想了解消费者对该饮料价格的评价，可以修改为单选题"您认为这种饮料：价格很贵、价格合理、价格便宜……"，提供3~4个选项让被调研者选择。

3.不要诱导人们回答

不要采用让人们按照提问者的思路回答的方法。比如，当听到"这种啤酒很爽口吧"的提问时，回答者往往会带着爽口的想法而去尝尝，并回答说"是"，在此场合，不如问"这种啤酒是爽口还是很无味"为好。

4.问题应能在记忆范围内回答

必须尽力避免一般被认为超出回答者记忆范围的提问。比如："你一年前购买的蛋黄派是哪一家生产商的产品"的提问时，恐怕大多数人都不会记得。

5.避免引起人们反感或很偏的问题

必须避免提引起人们反感的问题，也不要提很偏的问题，只有回答者能够予以冷静的判断和回答的问题，才能得到有效的调研结果。

6.调研表中的所有问题都应设计得能够得到精确答案

必须要明确通过调研要达到什么目的，所以你提的所有问题要围绕主题来展开。

7.随时调整调查问卷的内容以吸引访问者

与传统的市场调查问卷相比，网络调查问卷最大的优势是可以极方便地随时调整、修改调查问卷的内容，可以实现不同调查内容的组合，比如产品的性能、款式、价格以及网络订购的程序、如何付款、如何配送产品等。因为不同时期、不同产品、访问者对其不同因素的兴趣不同，营销人员通过不同的因素组合测试，分析判断何种因素组合对访问者是最重要、最关键的，哪些因素对访问者是最关心和最敏感的，进而调整问卷内容，使之对访问者更有吸引力。

调查问卷的格式

一份完整的调研问卷一般包括标题、卷首说明、调研内容、结束语四部分。

1.标题

调研问卷的标题一般要包括调研对象、调研内容和"调研问卷"字样。如："××省电子商务发展状况调研问卷"。

2.卷首说明

卷首说明包括称呼、调研目的、填写者受益情况、主办单位和感谢语等。如涉及个人资料，应该有隐私保护说明。如下例所示：

尊敬的用户，您好！

我们是××学院的学生，我们正在做有关肉类熟食的市场调查，目的在于了解食品行业市场现状，更好地服务于人们的健康和保健，您的调查情况将成为我们宝贵的参考资料。答案没有对错之分，希望您能够如实完成，我们将对您的个人资料进行保密。衷心感谢您的参与与支持！

填写说明：您只须在您认同的选项上画"√"即可，没有提供选项的请将你的答案写在提供的横线上。

3.调研内容

调研内容是调研问卷的主体，主要包括根据调研目的所设计的调研问题与参考选择答案等，一般不超过20个问题。

问题的提出可以分为以下几种类型。

（1）按问题的性质可划分为直接性问题、间接性问题和假设性问题。比如：如果你会购买保健品，你希望有何效果？A.调节人体各种机能，改善睡眠，延年益寿 B.缓解疲劳，使消耗的体力迅速恢复 C.增强免疫力，抗病毒 D.提神醒脑，消除紧张情绪，提高学习效率。

（2）可以按问题要收集的资料性质可划分为事实性问题、行为性问题、动机性问题和态度性问题。

①事实性问题。事实性问题的主要目的是为了获得有关被调查者的事实性资料。因此，问题的意思必须清楚，使被调查者容易理解和回答。

②行为性问题。行为性问题的主要目的是为了获得有关被调查者的行为方面的信息资料。例如"您是否喜欢吃面包？"，"您是否使用某牌牙膏？"，"您是否经常浏览某网站？"。

③动机性问题。动机性问题的主要目的是为了了解被调查者行为的原因或动机。例如，"您家为什么喜欢使用某牌牙膏？"，"您家购买某牌热水器的原因是什么？"，"您上网的主要目的是什么？"等。被调查者回答动机性问题有一定

难度。这是因为，人们的行为可以是有意识动机，也可以是半个意识动机或无意识动机产生的。对于前者，有时会因种种原因不愿意真实回答；对于后两者，因回答者对自己的动机不是十分清楚，也会造成回答的困难。

④态度性问题。态度性问题主要目的是为了了解被调查者对某一事物或某一问题的态度、评价、看法等，例如"您对某产品质量满意吗？"，"您对这种销售方式有何看法？"等。

4. 结束语

结束语放在调查问卷的最结尾部分，一方面对被调查者的积极合作表示感谢；另一方面还向被调查者征询对市场调查问卷设计的内容和对问卷调查的意见和想法。此外注明公司的标志性信息(如公司名称、网站、联系方式)，这是宣传公司形象的好机会。例如：

感谢您的大力支持和配合！祝您身体健康！生活美满！工作顺利！

某公司信息（名称、联系方式、网站等）
某年某月某日

拓展知识

登录问道——专业的问卷调查平台http://www.askform.cn/，结合行业企业或商品市场的实际问题设计一份网上市场调研问卷。

复习思考题

1.说明网上调研问卷设计的主要内容是什么？
2.问卷问题在设计时，应掌握哪些技巧？

技能训练1

以"2007届电子商务专业毕业生就业情况"为题设计一份网上调研问卷，问题设置数量不少于15个，问题类型在三种以上，发布在www.51job.com网站上。

技能训练2

在线调研问卷的发布

一、实训目的
1. 练习在线调研问卷的发布
2. 练习设计在线调研问卷问题

3. 初步感受在线调研问卷问题设计的技巧

二、实训要求

1. 掌握在线调研问卷发布的途径和方式

2. 掌握在线调研问卷问题的设计

三、实训内容

当在线调研问卷制作完成以后，就可以发布在互联网上了，此时一个最重要的问题便是：选择问题发布的场所。一般而言，在线调研问卷可以在以下几个地方发布，每种情况的选择要看具体情况而定。

1.在企业网站上的某些页面发布。不受空间限制，成本低，自由度较大，但要看网站流量如何。

2.在其他知名的网站上发布。如门户网站和专业化的网上调研公司网站。空间限制多，成本高，但网站的流量大。

3.在一些知名的新闻组和BBS上发布。成本低，访问量小，但可能更有针对性。

亲自动手

1.利用搜索引擎搜索网上现有的在线调研系统有哪些，然后选择其中的一个网站，就自己关心的问题制作一份网上调研问卷，过一段时间看有没有浏览者填写该问卷。

2.在某企业或个人网站上设计制作完成一份在线调研问卷，发布后观察反馈情况。

3.找一个知名的新闻组或BBS网站，进入某个讨论组，将自己早已准备好的调研问卷在该组中发布，看有何反响。

4.比较以上三种场合发布在线调研问卷的利弊，并做出系统评价，写一份评价报告。

任务三　网络市场调研报告撰写

任务分析

通过市场调研收集了大量的数据资料，下一步我们要对这些数据进行处理和分析，在进行数据分析时建议采用多种分析方法，定性分析与定量分析相结合，从不同角度进行分析，从而争取得到较为客观的、有一定深度的分析结果，为决策提供参考依据。对于收集来的数据，经过加工处理后，才有可能成为有价值的信息，需要选择正确的图表进行表达。要分析、确定拟采用的图表是否能合理清晰地反映出数据分析的结果。

一、网上市场调研数据的分析

1.根据调研目的和调研方式，选择数据处理方法

首先根据网上市场调研的目的和方式，选择数据处理方法和工具，如时间序列分析、相关分析、聚类分析等方法，确定哪些数据直接采用计算机处理，哪些数据需要人工干预。根据要求可以采用成熟的计算机数据处理软件，也可以根据需要设计开发专用软件。

2.进行数据处理

网上调研结果数据处理首先要排除不合格的问卷，然后对大量回收的问卷资料进行综合分析和论证。对从互联网上获取的大量信息和数据进行整理和分析，可以直接利用计算机软件进行快速分析，分析结果一般是真实可靠的，如互联网应用网上调研数据统计分析处理或者网上新闻热点看法调研等。在样本数量不足或者样本分布不均衡(如表现在用户的年龄、职业、教育程度、地理分布以及不同网站的特定用户群体等方面)的情况下，分析中应注意尽量降低样本不足和样本分布不均衡的影响，可以结合定性方法进行研究，力争全面准确地进行数据处理，还可以采用数据挖掘技术从大量的数据中挖掘出有用的信息。

3.归纳分析处理结果

根据数据汇总统计分析处理的结果，采用定性与定量分析相结合的办法，对于数据结果进行深入分析，得出有规律性的结果，进而得到相关的统计分析图表和初步分析结果，通过这些图表与结果可以看到事物发展的趋势或者现状的情况，为网上市场调研分析报告的撰写提供基础资料，为企业决策提供依据。

小知识

对于收集来的数据，经过加工处理后，才有可能成为有价值的信息，需要选择正确的图表进行表达，并分析、确定拟采用的图表是否能合理清晰地反映出数据分析的结果。

几种主要的常用图表：

1.圆饼图

圆饼图是以圆的整体面积代表被研究现象的总体，按各构成部分占总体比重的大小，把圆面积分割成若干扇形来表示部分与总体的比例关系。

2.曲线图

曲线图是利用线段的升降来说明现象的变动情况，主要用于表示现象在时间上的变化趋势、现象的分配情况和两个现象之间的依存关系。曲线图可分为简单曲线图和复合曲线图。简单曲线图用于描述一段时间内单个变量的历史状况及发展趋势，复合曲线图描述两个或两

个以上变量一段时间内单个变量的历史状况及发展趋势。

3.柱形图

柱形图利用相同宽度的条形的长短或高低来表现数据的大小与变动。

二、撰写网络市场调研报告的主要工作程序

1.拟订调研报告大纲

撰写网络市场调研报告前，首先拟订调研报告大纲。包括报告的主要论点、论据、结论及报告的层次结构。请领导对于拟订的大纲进行审定或者进行讨论，修改通过后再进行初稿的撰写。

2.撰写网络市场调研报告初稿

根据报告大纲由一人或数人分工进行初稿的撰写。参与的人数不宜过多。报告要努力做到准确、集中、深刻、新颖。准确，是指根据调研的目的，要如实反映客观事物的本质及其规律性，结论正确；集中，是指主题突出中心；深刻，是指报告能较深入地揭示事物的本质；新颖，是指报告要有新意。

3.讨论修改报告

在完成网络市场调研报告初稿的基础上组织讨论和修改，再次审查报告是否符合调研要求、分析方法是否得当、数据是否准确、结论是否正确、结构是否合理。具体注意各部分的写作格式、文字数量、图表和数据是否协调，各部分内容和主题是否连贯，顺序安排是否得当，然后根据意见进行修改。重要报告要反复进行修改，最后通过审查得到批准后，再正式提交或发布。

4.正式提交或公布网络市场调研报告

调研报告经过批准后，可以正式提交或发布。

三、撰写网络调研报告注意的问题

调研报告的撰写是整个调研活动的最后一个阶段。报告不是数据和资料的简单堆砌，调研人员不能把大量的数字和复杂的统计技术扔到管理人员面前，因为这样就失去了调研的价值。正确的做法是把与市场营销关键决策有关的主要调查结果报告出来，并以调查报告所应具备的正规结构写作。

（1）调研报告应该用清楚的、符合语法结构的语言表达。

（2）调研报告中的图表应该有标题，对计量单位应清楚地加以说明。如果采用了已公布的资料，应该注明资料来源。

（3）正确运用图表，对于过长的表格，可在调研报告中给出它的简表，详细的数据列在附录中。

（4）调研报告应该在一个有逻辑的框架中陈述调研结果。尽管特定的调查有特定的标题，但在调研报告中应对特定标题给出一些具体的建议。若涉及宣传

方面的问题，调研报告的内容和形式都应满足特定要求。

（5）调查报告的印刷式样和装订应符合规范。

任务实施

撰写调研报告的主要格式及内容

网络调研报告的格式一般由封面、标题、目录、概述、正文、结论与建议、附件等几部分组成。

1. 封面

包括调研报告题目、委托单位、承担单位、项目负责人、时间等主要信息。

2. 标题

标题是网络调研报告的题目，一般有两种构成形式：一种是公文式标题，即由调查对象和内容、文种名称组成，如《关于2010年中国互联网络发展状况统计报告》。另一种是文章式标题，即用概括的语言形式直接交代调查的内容或主题，如《我国老年人生活现状及需求调查报告》。

3. 目录

如果调研报告的内容、页数较多，为了方便读者阅读，应当使用目录或索引形式列出报告所分的主要章节和附录，并注明标题、有关章节号码及页码。一般来说，目录的篇幅不宜超过一页。

4. 概述

概述又称导语，主要阐述报告的基本情况，它是按照调研课题的顺序将问题展开，并阐述对调查的原始资料进行选择、评价、作出结论、提出建议的原则等。其主要包括三方面内容：

第一，简要说明调查目的，即简要地说明调查的由来和委托调查的原因。

第二，简要介绍调查对象和调查内容，包括调查时间、地点、对象、范围、调查要点及所要解答的问题。

第三，简要介绍调查研究的方法。介绍调查研究的方法，有助于使人确信调查结果的可靠性，因此对所用方法要进行简短叙述，并说明选用方法的原因。例如，是用抽样调查法还是用典型调查法，是用实地调查法还是文案调查法。另外，在分析中使用的方法，如指数平滑分析、回归分析、聚类分析、相关分析法等方法都应作简要说明。如果部分内容很多，应有详细的工作技术报告加以说明补充，附在市场调查报告的最后部分的附件中。

5. 调研报告正文

正文是市场调查报告的核心，也是写作的重点和难点所在。它要完整、准确、具体地说明调查的基本情况，进行科学合理的分析预测，在此基础上提出有针对性的对策和建议。具体包括以下三方面内容：

（1）基本情况介绍。它是全文的基础和主要内容，要用叙述和说明相结合的手法，将调查对象的历史和现实情况表述清楚。无论如何，都要力求做到准确和具体，富有条理性，以便为下文进行分析和提出建议提供坚实充分的依据。

（2）分析预测。市场调查报告的分析预测，即在对调查所获基本情况进行分析的基础上对市场发展趋势作出预测，它直接影响到有关部门和企业领导的决策行为，因而必须着力写好。要采用议论的手法，对调查所获得的资料条分缕析，进行科学的研究和推断，并据以形成符合事物发展变化规律的结论性意见。

（3）营销建议。这层内容是市场调查报告的写作目的和宗旨的体现，要在上文调查情况和分析预测的基础上，提出具体的建议和措施，供决策者参考。要注意建议的针对性和可行性，能够切实解决问题。

6. 附件

附件是指调查报告正文包含不了或没有提及，但与正文有关且必须附加说明的部分。它是对正文报告的补充或更详尽的说明，包括数据汇总表及原始资料背景材料和必要的工作技术报告。例如，为调查选定样本的有关细节资料及调查期间所使用的文件副本等。

拓展知识

数码相机市场调研报告

1.调研目的

（1）通过对数码相机有关资料的收集与整理，使数码相机销售市场的状况得到充分挖掘，为经营者提供第一手资料。

（2）通过对北京市18岁以上年龄段人群抽样调查，了解数码相机市场的主要客户群体，了解消费者的购物习惯(包括购买时间和购买地点)和购物心理。为数码相机经营者的营销策划提供真实有效的依据。

（3）通过对具有上网能力的中青年消费者的调查，了解网络购物群体的消费需求，在网上购买数码相机所需的价格、品牌、功能等要求，使网络经营者能够更好地进行产品定位。

2. 调研背景

近年来，数码产品越来越多地进入了人们的生活。从早期的MD机到小巧的MP3播放器，从五寸软盘到移动存储设备，现在，照相机也从以前的光学相机向小巧精致的数码相机过渡，无一不在显示高科技在改变人们的生活。选择数码相机做市场调研，主要是希望了解数码相机拥有哪些消费群体，消费者希望购买一个什么样的数码相机，已经拥有数码相机的用户对数码相机未来的希望。进行本次调查，旨在更加有效地了解数码相机市场及市场潜在购买力，确定消费人群的个人偏好、对各个品牌的认知度。同时了解消费人群在网上购买数码相机的可能性。

3. 调研的主要内容

调研内容涉及数码相机的品牌、分辨率、价格等消费者关心的问题，同时还涉及有关网络营销数码相机的问题，问卷选择的13个问题基本可以涵盖消费者在选购数码相机时必要或可能考虑的各种因素。在设计调查问卷时，选择了封闭式问题与开放式问题相结合的形式。后期整理数据时大部分较为简单和容易，同时还会得到一些有新意、有创意的想法。在设计问卷时，将被访问者资料放在相关问题之后，这样被访问者在做完访问后，容易按惯性思维模式，将个人资料填写完整。

4. 调研方法

（1）拦截式访问法。本次调研主要采取拦截的访问方式进行调查，成功率较高。

（2）网络调研法。为了使调研信息更加丰富，增加信息量，还采用了网络调研法为辅助方法。

5. 调研对象

（1）数码相机经销商。

（2）数码相机消费者。

（3）网络购物客户群体。

6. 调研结果

中国电子消费市场调查报告显示：数码产品在未来五年都将会有旺销势头；我国统计局报告预测：未来几年数码相机、数码摄像机、MP3播放器等数码产品都维持着三位数的增长速度。通过此次数码相机的市场调研活动可以看到，目前中国数码相机的消费呈现以下几方面特点和趋势：

（1）数码相机产品普及率较低，市场发展空间巨大，具有潜在的市场。调研发现，有54%的人还没有数码相机，数码相机的普及率还较低，46%的人虽然已经拥有数码相机，但其中还有38%的人想在两年内更换新的数码相机，所以可以看出数码相机的销售市场发展空间巨大，存在着很大的潜力。

（2）关注数码相机基本功能要素，消费需求仍停留在初级层面上。消费者在购买数码相机时考虑最多的因素依次是功能、价格和质量等这些基本要素，消费的需求仍停留在初级层面上，有待于提高。

（3）网络营销与传统营销对比，更容易让年轻人接受。在18～35岁的年轻人中仅有10%的网民从来不访问购物网站(包括"网上商城"、"网上商店"等)，即多达90%的网民访问过购物网站，其中经常访问购物网站和有时访问的网民的数量超过总数的六成；有40%用户在最近一年内通过购物网站购买过商品或接受过服务。仅有5%的用户未来一年内肯定不会进行网络购物。由此说明，网络购物、网络营销方式，更容易使年轻人接受，但随着电脑上网的普及，网络购物必将得到进一步的发展。

（4）数码相机消费群体年龄分布呈现集中与分散化态势。主要消费群体集中在20～30岁的青年中约占52%，在其他年龄段呈现出分散化态势，随着生活的不断改善，必将出现对数码相机需求的整体提高。从以上的调研数据分析不难看出，近年来数码相机销售市场成长非常迅速，销售渠道的多元化更显现出数码产品的魅力，尤其在网络营销方面更体现了数码产品的时代特点。因此，选择数码相机作为网上经营的产品定位是正确的，是符合消费者需要的。

7. 结论与建议

通过此次数码相机市场调研活动，收集到有关数码相机市场的大量第一手信息，并经过信息数据的处理与分析，得到如下结论：

（1）近年来国内外数码相机品种规格越来越多，销量越来越好。数码相机销售数量的增长，说明消费者对数码相机的认知已经进入了一种生活状态，这种状态是助推力。

（2）数码相机销售具备十分巨大的市场潜力，其消费者年龄分布呈现出集中与分散化态势，但可看出中短期内中青年人还将是数码相机的主要消费群体，而中老年人将是数码相机潜在的消费群体，因此，市场发展空间巨大。

（3）消费者对数码相机的关注主要是满足基本功能要素，消费需求仍停留在初级层面上，主要的产品定位还是价格适中、具有基本功能、方便操作的中低端数码相机。

（4）有过网上购物经历的网民中，接近一半的人网上购物是因为体验到了节省时间、节省费用和操作方便的优势。因此，我们开设的网上店铺作为销售的渠道，必须站在消费者的角度，满足消费者的需求，给消费者良好的服务保证，让网络消费者满意、放心，只有这样经营者才能占领网络销售市场，获得好的收益，真正做到双赢。

近年来数码相机产品在国内发展趋势令人可喜，同传统营销方式相比，电子商务网站也具有很多无法比拟和超越的优势，如建站成本低、销售成本低、交易方便快捷等。这些优势，不但会对传统的营销方式与行为产生巨大的补充作用，而且已经迅速地成为一种成熟、独立的营销方式。在未来营销中，这种优势将更加明显。

摘自《电子商务岗位实践与就业能力实习实训手册》2006

思考问题：

1. 结合前面的调查问卷，判断该调查报告是否完整地反映了问卷所能收集到的数据？

2. 该调查报告有哪些值得改进和完善的地方？

复习思考题

1.撰写网络市场调研报告的主要工作程序是什么？

2.网络市场调研报告的主要内容有哪些？

技能训练

1.上网搜索一些市场调研报告，仔细阅读，从中学习体会调研报告撰写的技术。

2.根据你前期进行的市场调研活动，完成一篇不低于3000字的市场调研报告，并要求制作幻灯片，分组进行交流。

总结与回顾

　　网络市场调研就是指利用互联网有目的、有计划地收集、整理和分析与企业市场营销有关的各种情报、信息和资料，为企业市场营销提供依据的信息管理活动。

　　网络市场调研与传统的市场调研一样，应遵循一定的方法与步骤，以保证调研过程的质量。网络市场调研一般要采用网络市场直接调研法（观察法、专题讨论法、在线问卷法和实验法）和网络间接市场调研（搜索引擎、公告栏、新闻组和电子邮件、网络数据库等）；依据网络市场调研计划，设计网络市场调研问卷；按照明确问题与确定调研目标、确定网络市场调查的对象、制定调查计划、收集信息、分析信息、撰写调研报告这六个步骤进行网络市场调研。通过对网上市场调研数据的整理、分析，撰写网络市场调研报告。

网络市场分析

项目描述

　　网络营销的市场分析，是企业进行网络营销的一个非常重要的战略决策过程，它主要解决企业在网络市场中满足谁的需要，向谁提供产品和服务的问题。因为对于企业来说，只有充分了解了网络市场，才能有效地对网络市场进行细分以及对网络目标市场进行选择。

　　对于采用网络营销经营的企业而言，深刻认识网络市场的特点，准确把握网络营销环境的变化，科学准确地确定产品的销售对象，有针对性地制定出市场细分标准，制定出适合自身的目标市场，并且进行准确的目标市场定位，从而进一步明确网络消费者的购买行为是十分重要的，只有这样才能促进企业进一步发展。

学习目标

学习目标	知识目标	了解网络市场的含义及特征
		了解网络消费者的特征和类型
		掌握网络消费者的需求特征和影响购买行为的因素
		熟悉网络消费者购买的心理动机
		网络市场细分的含义和步骤
		熟悉网络消费者的购买决策过程
		掌握网络市场定位的内容、思路和步骤
	能力目标	学会对网络市场的消费者行为进行分析
		能够学会对网络市场准确定位
		学会如何选择目标市场
	素质目标	具有人际交往能力
		具有分析问题、解决问题的能力
		培养学生的团结协作意识，增强集体荣誉感
		培养学生的组织纪律性和全局观

网络市场，网络消费者行为，网络市场细分，网络目标市场，网络市场定位

引导案例

杭州"狗不理"包子店为何无人理?

杭州"狗不理"包子店是天津狗不理集团在杭州开设的分店，地处商业黄金地段。正宗的"狗不理"以其鲜明的特色（薄皮、水馅、滋味鲜美、咬一口汁液横流）而享誉神州。但正当杭州南方大酒店创下日销包子万余只的纪录时，杭州的"狗不理"包子店却将楼下三分之一的营业面积租让给服装企业，依然"门前冷落车马稀"。

当"狗不理"一再强调其鲜明的产品特色时，却忽视了消费者是否接受这一"特色"。那么受挫于杭州也是理所当然了。

首先，"狗不理"包子馅比较油腻，不合喜爱清淡食物的杭州市民的口味。

其次，"狗不理"包子不符合杭州人的生活习惯。杭州市民将包子作为便捷快餐对待，往往边走边吃。而"狗不理"包子由于薄皮、水馅、容易流汁，不能拿在手里吃，只有坐下用筷子慢慢享用。

最后，"狗不理"包子馅多半是蒜一类的辛辣刺激物，这与杭州这个南方城市的传统口味也相悖。杭州人喜欢酸甜口味食物。

思考问题：

1.消费者行为的影响因素有哪些?

2.产品设计如何适应于不同的消费环境?

任务一 认知网络市场

任务分析

网络市场作为企业营销的对象，它的规模、结构、行为习惯等因素都会对企业的营销战略产生深远的影响。作为网络营销人员，一定要了解网络市场的规模、结构及特征。

相关知识

一、网络市场的概念

网络市场是指交易双方借助现代计算机网络技术，实现信息沟通、交易谈判、合同签订，最终实现买卖交易的经济整体。对于采用网络营销经营的企业而

言，深刻认识网络市场的特点，准确把握网络营销环境的变化，科学地确定产品的销售对象，定义出适合自己的目标市场，并且进行准确的目标市场定位，从而进一步明确网络消费者的行为是十分重要的，只有这样才能促进企业进一步发展。

二、网络市场的基本特征

随着互联网的发展，利用无国界、无区域界限的互联网来销售商品或提供服务，成为商家买卖交易的新选择，互联网上的网络市场成为21世纪最有发展潜力的新兴市场，从市场运作的机制看，网络市场具有如下基本特征。

1.无店铺的经营方式

网络市场是虚拟的，它不需要任何店面、装修、摆放的货品和服务人员等，它使用的媒体为互联网络。如1995年10月美国安全第一网络银行在网上开业。开业后的短短几个月，即有近千万人次上网浏览，给金融界带来极大震撼。于是更有若干银行立即紧跟其后，在网上开设银行。随即，此风潮逐渐蔓延全世界，网络银行走进了人们的生活。

2.无库存的经营形式

网上商店根据顾客递交的订单向生产的厂家订货，而无须将商品陈列出来以供顾客选择，只需将商品以图片的形式展示在网页上，并对其做出具体的描述和说明以供顾客选择。这样，店家不会因为库存而增加其成本，其售价比一般的实体店低廉，这有利于增加网络商家和虚拟市场的魅力和竞争力。

3.低廉的成本竞争策略

网络市场上的虚拟商店，通常比普通商店经营的成本要低得多，这是因为普通商店需要昂贵的店面租金、装潢费用、水电费、营业税及人事管理费用等。思科公司在其互联网网站中建立了一套专用的电子商务订货系统，销售商与客户能够通过此系统直接向思科公司订货。此套订货系统的优点不仅能够提高订货的准确率，而且避免多次往返修改订单的麻烦；最重要的是缩短了出货时间，降低了销售成本。

4.无时间限制的24小时经营

网络营销市场上的虚拟商店可以每天24小时全天候提供服务，一年365天持续营业，方便了消费者的购买，特别是对于平时工作繁忙、无暇购物的人来说有更大的吸引力。

5.无国界、无区域界限的经营范围

互联网具有全球性，消除了同其他国家客户做生意的时间和地域限制。面对提供无限商机的互联网，国内的企业可以加入网络行业，开展全球性营销活动。

浙江省海宁市皮革服装城加入了计算机互联网络跻于通向世界的信息高速公路，很快就尝到了甜头。服装城把男女皮大衣、皮夹克等17种商品的式样和价格信息输入互联网，不到两小时，就分别收到英国"威斯菲尔德有限公司"等十多家海外客商发来的电子邮件和传真，表示了订货意向。服装城通过网上交易仅半年时间，就吸引了美国、意大利、日本、丹麦等30多个国家和地区的5600多个客户，仅仅一家雪豹集团就实现外贸供货额1亿多元。

6.精简化的营销环节

网络技术的发展使消费者的个性化需求得到满足成为可能，消费者可以自行查询所需产品的信息，还可以根据自己的需求下订单，参与产品的设计、研发、制造和更新换代，使企业的营销环节大为简化。总之，网络市场具有传统的实体化市场所不具有的特点，这些特点正是网络市场的优势。

任务实施

网络市场分析

一、网络市场规模的分析

（一）网民规模

1.总体网民规模

2010年上半年，我国网民继续保持增长态势，截至2010年6月，总体网民规模达到4.2亿人，突破了4亿人关口，较2009年底增加3600万人。互联网普及率攀升至31.8%，较2009年底提高2.9个百分点（图3-1）。

图 3-1　中国网民规模与普及率

网民规模的持续扩大，与良好的互联网发展环境有关。近年来，各级政府陆续出台了一系列有利于互联网发展的政策、法规，不断加强网络基础设施建设，积极培育互联网服务市场主体，互联网行业发展的外部环境不断优化。自2010年以来，互联网发展政策积极稳定，宏观经济形势持续向好，网络新技术加快应用，推动了网民规模的持续增长。

2.宽带网民规模

2010年上半年，我国宽带网民规模继续增加。据工业和信息化部数据，2010年1~5月，基础电信企业互联网宽带接入用户净增979.2万户，达到11301.7万户，而互联网拨号用户减少了168.8万户。宽带基础服务覆盖率的不断扩大，带动了宽带用户规模的增长。截至2010年6月，在使用有线（固网）接入互联网的群体中，宽带普及率达到98.1%，宽带网民规模为36381万人（图3-2）。

虽然我国宽带网民的绝对规模在增长，但其在总体网民中的比例却有所下降。这主要是由于只使用手机上网的群体规模增速过快所致。截至2010年6月，只使用手机上网的网民规模增加到4914万人，较2009年底增长1842万人，占整体网民的比重提高到11.7%。

同时，"宽带不宽"的问题仍然存在。根据Akamai公司的报告数据计算，我国平均上网速度，只有857kbps，接入速度远远落后于美国、日本、韩国等互联网发达国家。

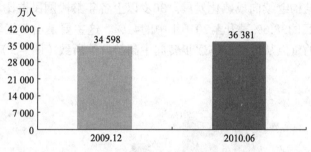

图 3-2　中国宽带网民规模

3.手机网民规模

我国手机网民规模继续扩大，截至2010年6月，手机网民用户达2.77亿人，较2009年底增加了4334万人。手机网民在手机用户和总体网民中的比例都进一步提高。2010年上半年，手机网民较传统互联网网民增幅更大，成为拉动中国总体网民规模攀升的主要动力，移动互联网展现出巨大的发展潜力（图3-3）。

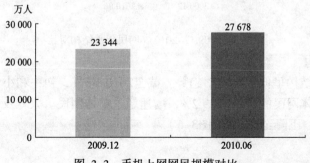

图 3-3　手机上网网民规模对比

（二）网民结构特征

1.性别结构

目前，我国网民男女性别比例为54.8∶45.2，男性群体占比高出女性近10个百分点，女性互联网普及程度相对较低（图3-4）。

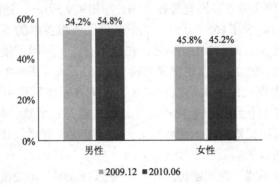

图 3-4　2009.12~2010.06网民性别结构对比

2.年龄结构

网民年龄结构继续向成熟化发展。30岁以上各年龄段网民占比均有所上升，整体从2009年底的38.6%攀升至2010年中的41%。这主要是由于互联网的门槛降低，网络渗透的重点从低龄群体逐步转向中高龄群体所致（图3-5）。

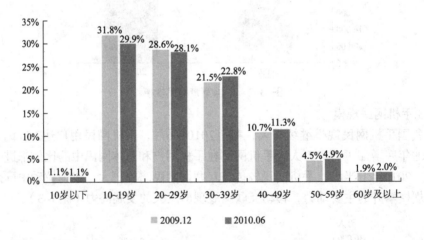

图 3-5　2009.12~2010.06网民年龄结构对比

3.学历结构

网民学历结构呈低端化变动趋势。截至2010年6月，初中和小学以下学历网民分别占到整体网民的27.5%和9.2%，增速超过整体网民。大专及以上学历网民占比继续降低，下降至23.3%（图3-6）。

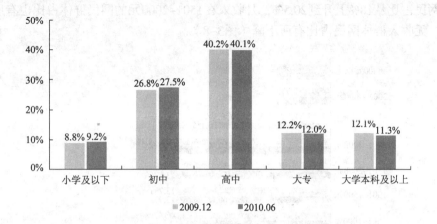

图 3-6　2009.12~2010.06网民学历结构对比

4.职业结构

分职业看，网民中学生、个体户/自由职业者、农林牧渔劳动者等群体占比上升较快，无业/下岗/失业、农村外出务工人员、产业服务业工人等职业占比在下降。学生群体在整体网民中的占比仍远远高于其他群体，接近1/3的网民为学生（图3-7）。

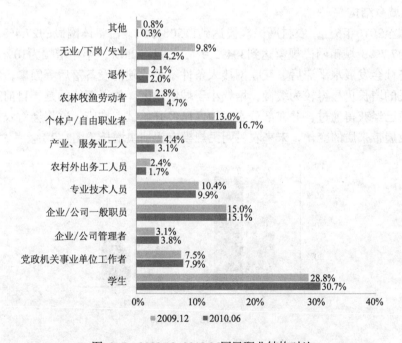

图 3-7　2009.12~2010.06网民职业结构对比

5.收入结构

互联网进一步向低收入者覆盖。与2009年底相比，个人月收入在500元以下的网民占比从18%上升到20.5%，月收入在1501~2000元的网民群体占比也有所上升。无收入群体网民占比有所下降（图3-8）。

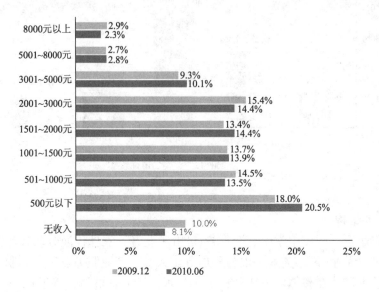

图 3-8 2009.12~2010.06网民个人月收入结构对比

6.城乡结构

截至2010年6月，农村网民规模达到11508万人，占整体网民的27.4%，半年增幅为7.7%；城镇网民规模达到30492万人，占比72.6%，半年增幅为10%。受制于经济社会发展水平滞后、互联网接入条件不足、硬件设备落后等因素，农村地区网民的增长仍显得较为缓慢，增幅小于城镇地区。值得期待的是，目前三网融合方案已经获得通过，并在部分农村地区已经开始试点推广，这将会对农村互联网的发展带来质的变化，未来农村网民规模有望加快增长（图3-9）。

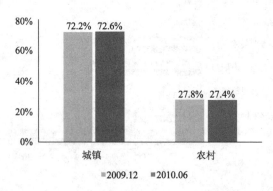

图 3-9 2009.12~2010.06网民城乡结构对比

资料来源：第26次中国互联网络发展状况统计报告

二、网络营销环境的分析

网络营销环境是指对企业的生存和发展产生影响的各种外部条件，即与企业网络营销活动有关联因素的部分集合。由于网络营销环境以及具体因素的变化对需求、购买决策、供应、营销竞争会产生不同程度的影响。因此，企业要实现网络营销的目标，对网络营销的环境分析是十分必要的。

（一）网络营销的宏观环境

宏观环境是指一个国家或地区的政治法律、经济、人文与社会环境、科学技术等影响企业进行网络营销活动的宏观条件。宏观环境对企业短期的利益可能影响不大，但对企业长期的发展具有很大的影响。所以，企业一定要重视宏观环境的分析研究。宏观环境主要包括以下六个方面的因素。

1.政治法律环境

网络营销的政治法律环境是指对企业的营销活动有影响的各种政治和法律法规方面因素的总和。具体包括一个国家或地区的政治制度、政治体制、政治形势、国家的各种方针政策以及相关的各种法律法规等。

政治和法律环境对产品标准、服务标准、经营实践、包装、广告等都有重要影响，必须严格依法执行。法律因素越来越复杂，随着法律制度的完善，对企业经营的影响处在不断变化之中。各级政府及非政府机构的规定以及公众都会影响决策过程。

2.经济环境

经济环境是内部分类最多、具体因素最多，并对市场具有广泛和直接影响的环境内容。经济环境不仅包括经济体制、经济增长、经济周期与发展阶段以及经济政策体系等大的方面的内容，同时也包括收入水平、市场价格、利率、汇率、税收等经济参数和政府调节取向等内容。

3.人文与社会环境

企业存在于一定的社会环境中，同时企业又是社会成员中的一份子，不可避免地受到社会环境的影响和制约。人文与社会环境的内容很丰富，在不同的国家、地区、民族之间差别非常明显。在营销竞争手段向非价值、使用价值型转变的今天，营销企业必须重视人文与社会环境的研究。

小案例

通用汽车曾经想让其高档品牌凯迪拉克汽车打开日本市场，不过具有强烈美国特征的、象征美国精神和文化的凯迪拉克并未赢得日本国人的欢心，在日本经营惨淡。后来，通用汽车公司的营销人员研究发现，日本人的用车习惯与其他国家有很大差异。比如，他们喜欢豪华车的后座椅靠背倾斜度大一些、深一些，因为日本人坐车时更喜欢半坐半躺姿势；他们还希望豪华车的座椅用高级的天鹅绒包裹，而非豪华的真皮。在日本人眼中，真正的豪华车不是凌志、奔驰，而是丰田的世纪、日产的总统，这些品牌在日本国内已享有几十年的盛誉，早已形成了很强的东方文化特征——稳重、内敛，与欧美的豪华车风格相去甚远。

4.科学技术环境

科学技术对经济和社会发展的作用日益重要，技术环境制约或促进企业产品的开发创新；技术环境变化引起企业营销战略的变化；技术还有利于改善经营管理，提高工作效率。在产品研究、制造和销售等方面的技术进步使每天都有新产品诞生和老产品淘汰。当今世界，企业环境的变化与科学技术的发展有着非常密切的关系，特别是在网络营销时期，两者之间的联系更为密切。科技进步会对企业的经营活动和经营决策产生影响，也会对人们的生活方式、消费需求结构产生深刻的影响。

5.自然环境

自然环境是指一个国家或地区的客观环境因素，主要包括自然资源、气候、地形地质、地理位置等。虽然随着科技进步和社会生产力的提高，自然状况对经济和市场的影响整体上是趋于下降的趋势，但自然环境制约经济和市场的内容、形式则在不断变化。

6.人口

人是企业营销活动的直接和最终对象，市场是由消费者来构成的。所以在其他条件固定或相同的情况下，人口的规模决定着市场容量和潜力；人口结构影响着消费结构和产品构成；人口组成的家庭、家庭类型及其变化，对消费品市场有明显的影响。

（二）网络营销的微观环境

微观环境由企业及其周围的活动者组成，直接影响着企业为顾客服务的能力。它包括企业内部环境、供应者、营销中介、顾客或用户、竞争者等因素。

1.企业内部环境

企业内部环境包括企业内部各部门的关系及协调合作。企业内部环境包括市场营销部门之外的某些部门，如：企业最高管理层、财务、研究与开发、采购、生产、销售等部门。这些部门与市场营销部门密切配合、协调，构成了企业市场营销的完整过程。市场营销部门根据企业的最高决策层规定的企业的任务、目标、战略和政策，做出各项营销决策，并在得到上级领导的批准后执行。研究与开发、采购、生产、销售、财物等部门相互联系，为生产提供充足的原材料和能源供应，并对企业建立考核和激励机制，协调营销部门与其他各部门的关系，以保证企业营销活动的顺利开展。

2.供应者

供应者是指向企业及其竞争者提供生产经营所需原料、部件、能源、资金等生产资源的公司或个人。企业与供应者之间既有合作又有竞争，这种关系既受宏观环境影响，又制约着企业的营销活动，企业一定要注意与供应者搞好关系。供应者对企业的营销业务有实质性的影响。

3.营销中介

营销中介是指在促销、销售以及把产品送到最终购买者方面给企业以帮助的机构，包括渠道中间商、物流公司、营销服务机构、金融中介机构（银行、信托公司、保险公司等）。这都是企业经营不可缺少的中间环节，大多数企业的营销活动都必须通过它们的协助才能顺利进行。

在网络环境范畴内，营销中介是指特定的网站，这些网站把购买者和销售者集中在一起，购买者可以通过网上购物和在线销售自由地选购自己需要的商品，生产者、批发商、零售商和网上销售商都可以建立自己的网站并营销商品。因此，一部分商品不再按原来的产业和行业分工进行，也不再遵循传统的商品购进、储存、运销业务的流程运转。

4.顾客或用户

顾客或用户是企业产品销售的市场，是企业直接或最终的营销对象。网络技术的发展极大地消除了企业与顾客之间的地理位置的限制，创造了一个让双方更容易接近和交流信息的机制。互联网络真正实现了经济全球化、市场一体化。它不仅给企业提供了广阔的市场营销空间，同时也增强了消费者选择商品的广泛性和可比性。顾客可以通过网络，得到更多的需求信息，使他的购买行为更加理性化。虽然在营销活动中，企业不能控制顾客与用户的购买行为，但它可以通过有效的营销活动，给顾客留下良好的印象，处理好与顾客和用户的关系，促进产品的销售。

5.竞争者

竞争是商品经济活动的必然规律。在开展网上营销的过程中，不可避免地要遇到业务与自己相同或相近的竞争对手。研究对手，取长补短，是克敌制胜的好方法。

总之，每个企业都需要掌握、了解目标市场上自己的竞争者及其策略，力求扬长避短，发挥优势，抓住有利时机，开辟新的市场。

拓展知识

网络竞争对手的类型

1.品牌竞争者

是指能满足消费者某种需求的同种产品的不同品牌间的竞争者。当其他企业以相似的价格向相同的顾客提供类似产品与服务时，企业将其视为竞争者。例如，被联想企业视为主要竞争者的是价格相近、档次相似、生产同样电脑产品的方正企业。

2.产品形式竞争者

指满足消费者某种愿望的同类商品在质量、价格上的竞争者。企业可以更广泛地把所有制造和提供相同产品、服务的企业都作为竞争者。如联想企业认为自己不仅与电脑制造商竞争，还与其他电子产品制造商竞争。

3.行业竞争者

企业可把制造同样或同类产品的企业都广义地视作竞争者。例如，康佳企业可能认为自己在与所有彩电制造商竞争。

4.通常竞争者

指以不同的方法满足消费者同一需要的竞争者。企业还可以更广泛地把所有争取同一消费群的人都看作竞争者。例如海尔企业可以认为自己在与所有的主要耐用消费品企业竞争。

▌ 复习思考题

1.什么是网络市场?

2.网络市场的特征有哪些?

▌ 技能训练

登录http://www.cnnic.net.cn（中国互联网络中心），查看有关中国网上消费者在各地的分布情况，并就您所在的城市进行分析和估计，在您所在的城市中网民的人数大约是多少?进而判断您所在城市中的电子商务类企业的网上目标市场的规模。形成报告，对本市电子商务和网络营销的发展情况做出评价。

任务二　分析网络消费者行为

任务分析

随着现代信息网络的发展，市场营销环境正在发生巨大的变化，企业传统的经营模式很难再与网络进行调和，消费者的购买行为日趋个性化，同时在交易中的主导地位也更加突出。消费者网上购物也成了主流，企业就更应该加大对网络消费者行为的关注。

本次任务从网络消费者的类型、网络消费者群体特征、网络消费者需求特征等方面入手，对网络购买者的行为进行分析，同时对影响网络消费者购买行为的主要因素以及网络消费者的购买决策过程进行比较全面的分析。

一、网络消费者类型

进行网上购物的消费者可以分为以下几种类型。

1. 简单型

简单型的顾客需要的是方便、直接的网上购物。他们每月只花少量时间上网，但他们进行的网上交易却占了一半。零售商们必须为这一类型的人提供真正的便利，让他们觉得在你的网站上购买商品将会节约更多的时间。

2. 冲浪型

冲浪型的顾客占常用网民的8%，而他们在网上花费的时间却占了32%，并且他们访问的网页是其他网民的4倍。冲浪型网民对常更新、具有创新设计特征的网站很感兴趣。

3. 接入型

接入型的顾客是刚触网的新手，占36%的比例，他们很少购物，而喜欢网上聊天和发送免费问候卡。那些有着著名传统品牌的公司应对这群人保持足够的重视，因为网络新手们更愿意相信生活中他们所熟悉的品牌。

4. 议价型

议价型顾客占网民8%的比例，他们有一种趋向购买便宜商品的本能，著名的eBay网站一半以上的顾客属于这一类型，他们喜欢讨价还价，并有强烈的愿望在交易中获胜。

5. 定期型和运动型

定期型和运动型的网络使用者通常都是被网站的内容所吸引。定期网民常常访问新闻和商务网站，而运动型的网民喜欢运动和娱乐网站。

目前，网上销售商面临的挑战是如何吸引更多的网民，并努力将网站访问者变为消费者。我们认为，网上销售商应将注意力集中在其中的一两种类型上，这样才能做到有的放矢。

二、网络消费者需求的特征

由于互联网商务的出现，消费者的消费观念、消费方式和消费者的地位正在发生着重要的变化，使当代消费者心理与以往相比呈现出新的特点和趋势。

1. 消费者追求个性化、独特化

个性化已逐渐成为现代人性格的一大特征。目前，许多消费者已进入明显的个性化消费阶段，过去那种"忠诚度同质化"的状况正逐步淡化。消费者的个性消费使网络消费需求呈现出差异性。不同的网络消费者因其所处的时代环境不同，也会产生不同的需求。

从事网络营销的厂商,要从产品的构思、设计、制造、包装、运输、销售等方面认真思考这些差异性,并针对不同消费者的特点,采取相应的措施和方法。没有一个消费者的消费心理是一样的,每个消费者都是一个细小的消费市场,个性化消费成为消费的主流。

2. 消费需求的差异性

不仅是消费者的个性化消费使网络消费需求呈现出差异性。因所处时代、环境不同,消费者的需求会有明显的差异,不同的消费者即便在同一需求层次上的需求也会有所不同。所以从事网络营销的企业要想取得成功,必须在整个生产过程中,从产品的构思、设计、制造,到产品的包装、运输、销售,都需要认真思考这种差异性,并针对不同消费者的特点,采取有针对性的方法和措施。

小案例

科龙公司在充分研究目标市场的基础上,了解到目前世界各地的冰箱使用人群中,儿童的比例达到4成以上。而在中国,儿童对冰箱的依赖程度更高。儿童需要安全性、人性化程度更高的冰箱。但遗憾的是儿童消费者需求的差异性还没有得到生产企业的重视。因此,科龙公司根据儿童的需求特点,完全改变了冰箱立柱式的呆板形象,赋予了冰箱鲜活的卡通形象,2002年8月底,科龙电器推出其世界首创的10款容声"爱宝贝"儿童成长冰箱。这10款儿童冰箱外形都由卡通动物形象构成,有小熊乐乐、小狗奇奇、企鹅冰冰、小狗沙沙、知了博士、熊猫小小、巧嘴鹦鹉、小猴聪聪、太空超人、独眼侠等,主要针对15岁以下的少年儿童,全部容积限定在90L,高度90cm以下。这一行动使科龙电器打开了一个暂时还没有对手的广阔市场。

---

3. 消费的主动性增强

互联网的运用和发展,正逐步减少和消除因信息不对称和高昂的信息成本给消费者带来的困扰和不便。消费者往往主动通过各种可能的渠道,获取与商品有关的信息并且进行分析和比较以达到购买的目标,同时他们也希望通过消费来寻找生活的乐趣。

4. 消费者直接参与生产和流通的全过程

传统的商业流通渠道由生产商、商业机构和消费者组成。其中商业机构起着重要的作用。生产者不能直接了解市场,消费者也不能直接向生产者表达自己的消费需求。在网络环境下消费者能够直接参与生产和流通,与生产者直接进行沟通,减少了市场的不确定性。

5. 消费者选择商品的理性化

由于消费者能接触到更多的信息和有更多的选择机会,他们不再被动地接受他人的观点和信息,不再消极地购买和消费,而要求积极掌握主动权,需要被关注、被倾听。消费者选择商品趋于理性化，他们会利用在网上得到的信息对商品进行反复比较，以决定是否购买。

6. 消费者关注和重视社会利益

社会文明程度的不断提高，使消费者在满足个体消费需求的同时，更注重保护生态环境、防止污染、节省及再利用资源。

7. 价格仍是影响消费者心理的重要因素

从消费的角度来说，价格不是决定消费者购买商品的唯一因素，但却是消费者购买商品时肯定要考虑的因素。网上购物之所以具有生命力，重要的原因之一是因为网上销售的商品价格普遍低廉。尽管经营者都倾向于以各种差别化来减弱消费者对价格的敏感度，避免恶性竞争，但价格始终会对消费者的心理产生重要影响。由于消费者可以通过网络联合起来与厂商讨价还价，产品的定价逐步由企业定价转变为消费者引导定价。

8. 网络消费仍然具有层次性

在网络消费的开始阶段，消费者偏重于精神产品的消费；到了网络消费的成熟阶段，等消费者完全掌握了网络消费的规律和操作，并且对网络购物有一定的信任感后，消费者才会从侧重于精神消费品的购买转向日用消费品的购买。

三、网络消费者购买的心理动机

1. 理智动机

这种购买动机是建立在人们对于在线商场推销的商品的客观认识基础上的。众多网络购物者大多是中青年，具有较高的分析判断能力。他们的购买动机是在反复比较各个在线商场的商品之后才作出的，对所要购买的商品的特点、性能和使用方法，早已心中有数。理智购买动机具有客观性、周密性和控制性的特点。在理智购买动机驱使下的网络消费购买动机，首先注意的是商品的先进性、科学性和质量高低，其次才注意商品的经济性。这种购买动机的形成，基本上受控于理智，而较少受到外界环境的影响。

2. 感情动机

感情动机是由于人的情绪和感情所引起的购买动机。这种购买动机还可以分为两种形态：一种是低级形态的感情购买动机，它是由于喜欢、满意、快乐、好奇而引起的。这种购买动机一般具有冲动性、不稳定性的特点。还有一种是高级形态的感情购买动机，它是由于人们的道德感、美感、群体感所引起的，具有较大的稳定性、深刻性的特点。由于在线商场提供异地买卖送货的业务，大大促进了这类购买动机的形成。

3. 惠顾动机

这是基于理智经验和感情之上的，对特定的网站、图标广告、商品产生特殊的信任与偏好而重复地、习惯性地前往访问并购买的一种动机。

网上购物者的八种心理

网上购物者，其心理大体分为八种。

（1）网络狂热型。不仅经常在网上购物，还向别人讲述自己的购物经历。

（2）冒险学习型。对网上购物充满兴趣，但这种兴趣需要商家进一步培养。

（3）初次尝试型。刚开始网上购物，电脑应用水平低下可能是限制这些人成为长期网上购物者的因素。

（4）工作需要型。拥有较高的电脑技能，上网是为了工作而不是从事其他活动（如购物）。

（5）担心安全型。了解购物网站并知道如何进行网上购物安全、送货以及投诉等方面的问题。

（6）生活习惯型。他们喜欢在商场中购物的感觉。

（7）技能限制型。不熟悉电脑应用，上网时间很少，对互联网兴趣不高。

（8）需求差异型。这些网络用户上网是为了娱乐而不是购物，这是由于安全、个人信息、收入水平低等因素。

资料来源：http://club.99bill.com/viewthread.php?tid=1205

四、影响网上消费者购买行为的因素

消费者行为是受动机支配的。网上消费者为满足其个人或家庭生活需要而在网上发生的购买行为受多种因素影响。因此研究网上消费者的购买行为，应分析影响网上消费者购买的因素。影响网上消费者行为的主要因素有如下几方面：

（一）外在因素

影响网络消费者行为的外在因素主要如下。

1. 产品的特性

根据网上消费者的需求特征，网上营销的产品首先要考虑对消费者有足够吸引力的新产品或者是时尚性产品，其次要考虑产品购买的参与程度，对消费者要求参与的程度比较高且要求消费者需要现场购物体验的产品，一般不宜在网上销售。

2. 产品的价格

网上营销的价格对于互联网用户而言是完全公开的，价格的制定要受到同行业、同类产品价格的约束，从而制约了企业通过价格来获得高额垄断利润的可能，使消费者的选择权大大提高，交易过程更加直接。

3. 购物的便捷性

购物便捷性是消费者选择网上购物的另一重要因素。一般而言，消费者选择网上购物考虑的便捷性表现在两个方面：一是时间上的方便性。网上购物不受时间的限制，可以节省大量的时间成本。二是获得商品的快捷性。即消费者可以足不出户，轻松地得到自己需要的商品。

4. 购物的安全性和可靠性

在网上购物，消费者一般需要先付款后送货（不包括货到付款的方式），这与传统的网下购物一手交钱一手交货的现场购买方式是不同的，网上购物中付款与收货在时间上发生了分离，消费者购物的风险有所加大。例如，消费者可能会顾虑将来送到的货物能否满意，自己的个人账户信息会不会泄露，网络会不会出现故障，账款划拨走了会不会收不到货，能否按照预定期限收到急需的货物等问题。因此，为降低网上购物的这种失落感，网上购物的各个环节必须加强安全措施和控制措施，保护消费者购物过程的信息传输安全和个人隐私，强化消费者对网上购物的信任和信心。

（二）内在因素

1. 文化因素

文化因素通常是指人类在长期生活实践中形成的价值观念、道德观念及其他行为准则和生活习俗。由于人们价值观念、生活格调与行为方式的不同，从而引发人们的愿望及行为的差异。随着时代的发展，社会文化也在悄然转型。因此了解最新的文化动向是网络营销人员必须考虑的。

文化的差异引起消费行为的差异，表现为饮食起居、建筑风格、节日、礼仪等物质和文化生活等各个方面的不同特点。每一个网民都受到网络文化的长期熏陶，但同时又是在一定的地域社会文化环境中成长的，地域社会文化环境依然对网民的消费行为产生重要的影响。

2. 收入影响因素

网上消费者的收入影响网上消费者的购买力。通常影响购买力水平的因素有以下三个方面：

（1）消费者收入。网上消费者收入主要是指消费者的实际收入。一般来说收入较高的白领，由于工作紧张、繁忙，很少有更多的时间逛街购物，于是就会选择网上购物。消费者的经济状况会强烈影响消费者的消费水平和消费范围，并决定着消费者的需求层次和购买能力。因此，营销者就要采取相应行动对其产品重新设计、重新定位、重新定价。这样才能满足消费者网上购物的要求。

（2）消费者支出。网上消费者支出主要取决于消费者的收入水平，而这种收入水平又具体表现在可支配的个人收入与可随意支配的个人收入两个方面。如果网民虽收入较高，但是都有债务在身，如不少中青年身负贷款买房的债务，更多的收入用来还贷款也会影响其参与网上购物的积极性。

3. 消费者的年龄

网上消费者处于不同的年龄和人生阶段对网上消费的参与不同。从目前来看，网上消费者主要是中、青年消费者。网上购物的主力年龄分布在20～35岁，这批人一般都崇尚创新、自由等特质，很容易被新事物影响，而且接受新观念、新知识快。他们也很愿意在网络上购物，因此青年人所喜欢的计算机、CD唱片、游戏软件、体育用品等都是网上的畅销商品。这类市场目前是网络市场最拥挤的地方，也是商家最为看好的一个市场。

总之，影响消费者网上购物的因素是多方面的，除了上面谈到的因素外，还有如在线零售网站功能不佳、商品图片质量好坏、消费者的心理、卖家的信用指数、好评率等。

任务实施

网络消费者购买行为

网络消费者的购买过程，也就是网络消费者购买行为形成和实现的过程。网络消费者的购买过程可以分为五个阶段：引发需求、收集信息、比较选择、购买决策和购后评价。

1. 引发需求

购买过程的起点是诱发需求，消费者对市场中的某种服务产生兴趣后，才可能产生欲望，因此网络营销的需求动机多数源于视觉和听觉（如：文字的表述，图片的设计，声音的配置等）。这就要求企业要巧妙地设计促销手段来吸引消费者浏览网页，诱导他们的需求欲望。

小案例

当当网(www. dangdang. com)号称全球最大的中文网上商城，它在激发消费者购买欲望方面有着独到之处。2002年12月，当当网推出了一次名为"2元与当当第一次亲密接触"的营销活动。在12月15～25日期间，在当当注册并第一次购物的顾客，即可在2元特价区选购不超过两件的商品。网上购物在当时的中国还是个新鲜事物，在许多网民还心存疑虑的情况下，当当网采用"2元特价"、"快捷注册"和"送货上门"这三件法宝，适时地开展了一次近乎于"零风险"的网上购物体验活动。由此，当当网的"2元与当当第一次亲密接触"活动吸引了大量网民，唤起了网民的购物欲望。许多网民也就是从此时开始接触网上消费，同时也自然成为当当网的注册用户了。

2. 收集信息

在购买过程中，收集信息的渠道主要有内部渠道和外部渠道。内部渠道是指消费者个人所储存、保留的市场信息，包括购买商品的实际经验、对市场的观察以及个人购买活动的记忆等；外部渠道则是指消费者可以从外界收集信息的通道，包括个人渠道、商业渠道和公共渠道等。

一般说来，在传统的购买过程中，消费者对于信息的收集大都出于被动进行的状况。与传统购买时信息的收集不同，网络购买的信息收集带有较大的主动性。在网络购买过程中，商品信息的收集主要是通过互联网进行的。一方面，网络消费者可以根据已经了解的信息，通过互联网跟踪查询；另一方面，网络消费者又不断地在网上浏览，寻找新的购买机会。由于消费层次的不同，网络消费者大都具有敏锐的购买意识，始终领导着消费潮流。

3. 比较选择

消费者为了使消费需求与自己的购买能力相匹配，就要对各种途径汇集而来的信息进行比较，综合评价商品的功能、质量、可靠性、样式、价格和售后服务等。从中选择自己认为满意的产品。一般消费品和低值易耗品较易选择，而对耐用消费品的选择比较慎重。

4. 购买决策

网络消费者做出选择后就要进入购买决策阶段。网络消费者在决策购买某种商品时，一般要考虑厂商的信誉、网上支付的安全感以及对产品的好感。

网络消费者在决策购买某种商品时，一般必须具备三个条件：第一，对厂商有信任感；第二，对支付有安全感；第三，对产品有好感。所以，树立企业形象，改进货款支付办法和商品邮寄办法，全面提高产品质量，是每一个参与网络营销的厂商必须重点抓好的三项工作。只有把这三项工作抓好了，才能促使消费者果断地做出购买决策。

5. 购后评价

商品的价格、质量和服务与消费者的预料相匹配，消费者会感到心理上的满足，否则就会产生厌烦心理，购后评价为消费者发泄内心的不满提供了一套非常好的渠道。

小知识

淘宝网会员在个人交易平台使用支付宝服务成功完成每一笔交易后，双方均有权对对方交易的情况作一个评价，这个评价亦称之为信用评价。

评价积分：评价分为"好评"、"中评"、"差评"三类，每种评价对应一个积分。

评价计分：评价积分的计算方法，具体为："好评"加一分，"中评"零分，"差评"扣一分。

信用度：对会员的评价积分进行累积，并在淘宝网页上进行评价积分显示。

评价期间：指交易成功后的15天内。

拓展知识

我国网民的网上购买行为特征

用户对网上购物都比较认同，在条件相对成熟的情况下，有85%的用户希望在网上购物，不希望网上购物的仅占15%；在购买商品的种类上，对于任何商品都愿意在网上购物的占13%；愿意在网上购买一些小件商品如书籍、磁盘等，而对于大件商品如电器等只是希望在网上查阅信息，到商店去购买的占52%；对于任何商品都只在网上查阅产品信息，而到商店购物的占29%；无论任何商品，都既不在网上查阅产品信息，也不在网上购物的占6%；用户认为目前网上购物最大的问题依次是：产品及服务质量占34%，安全性无保障占30%，没有方便的付款方式占22%，价格不够诱人占8%，送货耗时、渠道不畅占6%。用户担心比较多的是对产品无法直接了解带来的失控感以及对互联网渠道的安全问题缺乏信心。

资料来源：世纪易网

思考问题：

1.综合上述资料，试分析网民的购买行为特征。

2.从企业角度，你认为应该如何解决用户网上购物所担心的问题？

复习思考题

1.网络消费者有哪些类型？

2.网络消费者购买过程是怎样的？

技能训练

网络消费行为分析

据估计，美国13~18岁的青少年中有68%的在上网，其中约50%的每周花8小时上网。他们在网上主要是收发电子邮件，还包括搜索信息、玩游戏、聊天、下载音乐或录像等，但他们不会购物。他们不在网上购物的理由很多，但其中最重要的理由是在网上购物时，需要使用的是信用卡。而青少年他们即便有足够的现金购物，但由于还没拥有自己的信用卡，所以也不得不使用父母的信用卡。

这种青少年消费者不能独立购物的现实给网上商店带来了挑战，但也给发明创新新的支付方式，使青少年购物不再依靠信用卡的公司创造了机会。

Internet Cash就抓住了这个机会。Internet Cash提供预付费储值卡，供零售的面值为10美元、20美元、50美元和100美元。和预付费电话卡一样，必须先激活它们才能使用。这包括两个步骤。首先商家在一台非凡的POS机上刷，然后用户登录Internet Cash网站，输入卡背面20位密码，接着建立一个个人认证码(PIN)。这使得他们能在带有Internet Cash标记的网上商店里购物。货款被自动从卡上扣除。当卡上的钱用完后，顾客可以把卡丢掉，也可以把没用完的钱转到另一张卡上。和使用现金一样，Internet Cash的交易是匿名的。

Internet Cash面临着大量障碍。

第一个障碍就是"鸡和蛋"的难题。首先，它必须找到零售商销售储值卡。Internet Cash的目标是建立3万个代理点。吸引零售商的地方在于他们不必为卖卡付出代价，而且能得到销售金额的6%。直到最近，代理商的数量仍屈指可数。2000年10月它与PaySmart America签订了合作协议，后者将在11个州的5000多个PaySmart销售点代售Internet Cash卡。Pay Smart属于美国最大的电话预付费卡独立销售商TSI通信公司。

第二个障碍是它要说服商家接受该卡进行在线购物。这是一个更艰巨的任务，因为Internet Cash要收取销售额2.25%～10%的佣金，根据最近的统计，Internet Cash已与150家商店签订了协议，其中大部分是小公司。在2001年7月，它与Just Webit.com公司(一家小企业电子商务软件开发商)建立了联盟。根据协议，Just Webit.com将使其客户的网上商店接受Internet Cash卡购物。结果喜忧参半，因为Just Webit.com在联盟建立后经济状况低迷。

Internet Cash和其他电子现金产品还会面临一些严重的法律问题。现在它们正处在由个别州管辖的灰色地带。美联储正在考虑将这些公司视为银行，并使其遵守一系列银行和储蓄机构的监管条例。

案例问题：

（1）Internet Cash为取得成功，要克服的最大障碍是什么？

（2）Internet Cash正在用什么办法来吸引青少年使用其储值卡？它还可以采用哪些措施来推广该卡？

（3）Internet Cash与小企业签约的战略是否有可能吸引青少年使用它的卡？

（4）是否有其他人群可能会使用储值卡进行网上购物？

资料来源：考试大网站

任务三　合理进行网络市场细分

任务分析

网络市场是一个综合体，是多层次、多元化的消费需求的集合体，任何企业都不可能满足所有消费者的需求。企业网络营销要取得理想的效果，就得选择自己的目标市场，为自己选择的目标市场中的客户提供服务。网络营销市场细分是企业进行网络营销的一个非常重要的战略步骤，是企业认识网络营销市场、研究网络营销市场，进而选择网络目标市场的基础和前提。

一、网络市场细分的含义

网络市场细分是指企业在调查研究的基础上，依据网络消费者的需求、购买动机与习惯爱好的差异性，把网络市场划分成不同类型的消费群体的过程。其中，每个消费群体就构成了一个细分市场。每个细分市场都是由需求和愿望大体相同的网络消费者组成的。在同一细分市场内部，网络消费者需求大致相同；不同细分市场之间，则存在着明显的差异性。

网络市场细分可以为企业认识网络市场、研究网络市场，从而选定网络目标市场提供依据。具体说，网络市场细分有以下几个方面的作用。

（1）有利于分析网络市场，发现有力的市场机会，开拓新市场。

（2）有利于集中使用企业资源，节省营销费用，取得最佳营销效果。

（3）有利于制定和调整营销方案，增强企业应变能力。

（4）有利于中小企业开拓和占领市场。

二、网络市场细分的标准

市场细分的基础是顾客需求的差异性，所以凡是使顾客需求产生差异的因素都可以作为市场细分的标准。由于各类市场的特点不同，因此各类市场细分的标准也有所不同。细分市场是目标营销的第一步。市场由消费者组成，消费者具有不同特性，如所处地理环境、性别、年龄、文化、生活方式等均不同，这些都可以作为市场细分的变量。因此，消费品市场的细分标准可以概括为地理因素、人口统计因素、心理因素和行为因素四个方面。尽管互联网是开放性的全球网络，它打破了常规地理区域的限制，但是在网上营销，如果营销的是区域性产品和服务，或者带有文化差异的产品和服务，仍然是引用地理变量来细分市场。

1.根据地理因素细分网上市场

可根据消费者所在的不同地理位置、气候、人口密度和城乡的情况，划分出不同的细分市场。由于地理条件不同，消费者对产品的需求也不一样。比如，空调在炎热的南方各省有很大的需求，在温度较低的西北、东北地区销售不畅；再比如在我国南方沿海一些省份，某些海产品被视为上等佳肴，而内地的许多消费者则觉得味道平常。

2.根据人口统计因素细分网上市场

人口统计变量包括年龄、种族、性别、家庭人口数、家庭生命周期、收入、教育、宗教、种族国籍等。人口统计变量常与消费者的需求、偏好和使用频率有关，比如，只有收入水平很高的消费者才可能成为高档服装、名贵化妆品、高级珠宝等的经常买主。人口统计变量比较容易衡量，有关数据相对容易获取，由此成为企业经常以它作为市场细分依据的重要原因。

3.根据心理因素细分网上市场

消费者的心理因素是一个极其复杂的因素，消费者的心理需求具有多样性、时代性和动态性的特点。企业可根据消费者所属的社会阶层、生活方式及个性特点等心理因素，进行市场细分。

> **小案例**

在美国好莱坞曾出现了一家出售饮用水的"水吧"。这家"水吧"所出售的饮用水是来自中国、法国、韩国等地的天然水、清泉水、矿泉水、山谷水，有70多个品种，价格在1～10美元，这种清纯的大自然饮品很受消费者的欢迎。人们只知道去酒吧、咖啡厅、茶座，哪里想到还有水吧，这是人们在长时间享受太精细、太人工化的精品之后，出现的一种返璞归真的趋势。抓住消费者的心理，就能取得成功。

4.根据行为因素细分网上市场

行为变量主要根据消费者的购买及使用时追求的利益、使用者的状况、使用频率、品牌的忠诚程度、准备购买的阶段、对产品的态度及购买时间等，进行市场细分。

> **小案例**

杭州牙膏厂为了使产品适销对路，提高企业的竞争能力，认识到购买牙膏的消费者具有不同的需求，为此，该厂根据消费者在购买时"利益的追求"进行市场细分，并针对不同的细分市场的特点生产不同的牙膏，以满足其需要。如该厂根据许多消费者所追求的洁齿功能，生产具有良好洁齿效果的"洁齿灵"牙膏和"西湖"牙膏；根据一些消费者所追求的消炎、止血和防龋功能，生产出"黄芩"牙膏；由于杭州牙膏厂善于根据消费者的需要，在市场细分的基础上有针对性地开展营销活动，从而使企业具有较强的竞争能力，并取得了较好的经济效益，该厂的产品连续五年旺销，经济效益年年提高。

市场细分是否有效一般需具备五个特点：可测量性，即细分市场的大小及购买力可以被测量；可赢利性，指细分市场的规模足够大，有足够的利润空间；可进入性，指公司能有效地进入市场并为之服务；可区分性，指各个细节是可以识别的，并且对于不同的营销组合方案有不同的反应；可行动性，即公司能系统地制定有效的营销计划来吸引细分市场，并为之服务。

三、网络市场细分的步骤

网络市场细分是一个复杂而细致的工作，可以大体划分为以下四个基本步骤。

1. 识别网络市场细分目标

企业在进入市场前应从顾客和企业自身的角度来考虑网络市场细分目标。如消费者对这种产品、服务或该行业了解有多少，他们介入该行业的愿望有多大，企业推出的是新产品还是老产品。市场细分研究的目的是什么，是提高现有顾客对产品的忠诚度和满意度，还是吸引新的顾客或者将客户从竞争对手中吸引过来。企业管理者对现有市场结构的看法如何，企业的人力、物力、财力、技术开发能力如何等。

2. 确定细分依据的因素，收集并分析数据

在识别市场细分目标之后，要对每个细分市场中的顾客心理、行为习惯、人口因素、地理因素等方面进行细分。在很多情况下，为了比较精确地显示一个市场的与众不同，企业往往要使用多种细分依据，考虑多种因素的影响。网络企业要针对网络市场的特点，尽可能多地选择顾客心理、购买动机、行为习惯等方面的因素。市场细分是否准确，收集、整理、分析数据是关键。网络企业要进行广泛的调查研究，从而获得有效的第一手数据和资料。

3. 评估细分市场

评估细分市场就是根据所调查的信息，对各个细分市场的经济可行性进行评价、分析，如市场的规模、性质、竞争状况、变化趋势等因素。这时，可对各个细分市场有一个较清晰的认识，按一定的方式和标准来比较各个子市场的现状及特点，准确分析各个细分市场的价值以及风险。

4. 选择细分市场

选择细分市场就是将上一阶段预测出的多个细分市场进行选择，将细分市场利益和目标进行分析比较，评价投入及产出效率，从而选择出适合企业自身发展需要的特定的细分市场，为企业设计营销策略、进入目标市场打下坚实基础。

四、网络目标市场

网络目标市场又叫网络目标消费群体，即企业商品和服务的销售对象。网络目标市场是企业在市场细分后，从所有细分市场中选择的、决定要进入并开展营销活动的细分市场。网络目标市场是企业根据主客观条件从众多的细分市场中选出的一部分或全部。

小案例

现阶段我国城乡居民对照相机的需求，可分为高档、中档和普通三种不同的消费者群。调查表明，33%的消费者需要物美价廉的普通相机，52%的消费者需要使用质量可靠、价格

适中的中档相机，16%的消费者需要美观、轻巧、耐用、高档的全自动或多镜头相机。国内各照相机生产厂家，大都以中档、普通相机为生产营销的目标，因而市场出现供过于求，而各大中型商场的高档相机，多为高价进口货。如果某一照相机厂家选定16%的消费者目标，优先推出质优、价格合理的新型高级相机，就会受到这部分消费者的欢迎，从而迅速提高市场占有率。

五、网络目标市场的选择策略

企业在决定目标市场的选择和经营时，可根据具体条件考虑三种不同策略。

1. 无差异性营销策略

无差异性营销策略，是指企业将整个网络市场视为一个目标市场，只推出一种产品并只使用一套营销组合方案。这种策略重视消费者需求的相同点，而忽视需求的差异性，将所有消费者需求看做是一样的，一般不进行网络市场细分（图3-10）。

这种营销策略的优点：由于经营品种少批量大，可以节省细分费用降低成本，提高利润率。但是，采用这种策略也有其缺点：一方面是引起激烈竞争，使企业可获利机会减少；另一方面企业容易忽视小的细分市场的潜在需求。

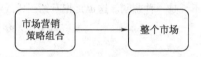

图 3-10 无差异性营销策略

2. 差异性营销策略

差异性营销策略是指企业在网络市场细分的基础上，选择两个或两个以上的细分市场作为网络目标市场，针对不同细分市场上消费者的需求，设计不同产品和实行不同的营销组合方案，以满足消费者需求（图3-11）。

采用这种策略的企业主要着眼于消费者需求的异质性，试图把原有的市场按消费者的一定特性进行细分，然后根据各个子市场的不同需求和爱好，推出各种与其相适应的产品和采用与其相适应的市场营销组合分别加以满足。

这种策略的优点主要表现在：有利于满足不同消费者的需求；有利于公司开拓网络市场，扩大销售，提高市场占有率和经济效益；有利于提高市场应变能力。但是，采用这种策略，一方面使企业的生产成本、管理成本和库存成本、产品改良成本及促销成本增加，另一方面，由于成本的增加导致产品价格升高，从而使企业失去竞争优势。因此，企业在采用此策略时，要权衡利弊，即权衡销售额扩大带来的利益大，还是增加的营销成本大，进行科学决策。

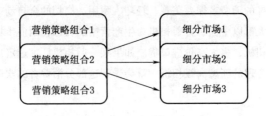

图 3-11　差异性营销策略

　　中国啤酒行业从20世纪90年代中期开始进入过度竞争时代，严重的过剩导致800多家啤酒企业中的绝大部分开始进行激烈的价格战争，相互之间为争夺市场资源，以价格为武器，低价格、大促销，打得天昏地暗，不到10年间啤酒企业数量从800多家迅速减到300多家。虽然从 2005年后行业整体利润形势大大改善，但国际啤酒巨头几乎全面进军中国啤酒行业，以英博为代表的巨头跑马圈地，几乎收购或持股了中国所有的大中型啤酒企业，从青岛、雪花、哈尔滨到珠江无一例外，现在就剩下燕京和金星，也只不过是没有找到合适的合作伙伴而已。尤其是英博收购百威之后，这两大世界巨头强强联合将对中国啤酒工业的未来产生更加深远的影响，甚至是左右中国啤酒工业的竞争格局，那些当年在价格战中大显身手的品牌将会一个一个被蚕食，这不能不说是一种悲剧。这也是把营销当成战争的后果。

资料来源：华夏酒报　闫治民 2010-8-23

3.密集性营销策略

　　密集性营销策略即集中性市场营销策略。这种策略是指企业在市场细分过程中集中所有力量，以一个或少数几个细分市场为目标市场，运用全部市场营销组合为一个或几个细分市场服务（图3-12）。

　　这种策略优点是：一方面企业可深入了解特定细分市场的需求，提供较佳服务，有利于提高企业的地位和信誉；另一方面企业实行专业化经营，有利于降低成本。只要网络目标市场选择恰当，集中营销策略常为企业建立坚强的立足点，获得更多的经济效益。但是，集中营销策略也有其缺点：主要是企业将所有力量集中于某一细分市场，当市场消费者需求发生变化或者面临较强竞争对手时企业的应变能力差，经营风险很大；使企业可能陷入经营困境，甚至倒闭。

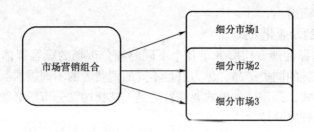

图 3-12   密集性营销策略

一百年前，日本京都成立了一家生产纸牌的小店，以汉语"尽人事，听天命"的寓意取名为"任天堂"。一百多年以来，任天堂始终抱着"玩具"这一细分市场，从扑克牌、塑料扑克牌、魔术扑克牌、电子游戏机到电脑玩具，坚持不懈，使其产品畅销全球。

"任天堂"抱着一棵"树"不放，这棵树虽然不大，但它不低头，拼命开发创新，使它成为一棵"摇钱树"。

六、网络目标市场的覆盖方式

网络目标市场覆盖面很广，要占领网络目标市场方式很多，一般有以下几种。

1.产品与市场集中方式

这是指企业集中力量只生产或经营某一产品或服务，供应某一类顾客群。这种方式比较适宜于中小企业，可以帮助企业实现专业化生产或经营，在取得成功后，再向更大范围扩展。如中国服装网、中国鞋网等服务商，它们的电子商务平台只为一些特定的目标企业服务，起初面向所在地区的企业，随着企业规模的扩大，则向全国甚至全球开展业务。

2.产品专业化方式

企业选择几个细分市场，对其顾客群同时供应某种产品。面对不同的细分市场，产品式样、档次不同。这种方式的优点是能够减少企业经营风险，投资也不大，即使在某个细分市场失去了吸引力，企业还能在其他细分市场获利。如著名的亚马逊网上书店，向世界范围内的各类顾客提供网络购书。

3.市场专业化方式

指企业生产或经营为某一顾客群服务的各种不同产品。如网易针对年轻人喜欢通过短信息进行沟通的特点，推出了"非常男女"、"暗恋表白"等专门服务年轻客户的产品，创造了短信的名牌特色，引起了广大年轻手机用户的关注。网易针对年轻顾客群的短信服务，使它从目前与中国移动合作的300多家短信服务提供商中脱颖而出。

4.选择性的专业化方式

企业有选择性地专门服务于几个不同的细分市场的顾客群体，提供各种性能、生命力较强的同类产品，尽力满足不同的消费者的不同需求。这是一种市场机会增长型模式，采用这种模式要注意的是，选择的细分市场必须以可以实现盈利为前提，否则风险较大。

5.全面覆盖战略

指企业为所有细分市场供应其不同需要的各种产品。一般来说，大企业为取得市场的领导地位，常采用这种战略，如一些集团企业和跨国集团公司。

任务实施

目标市场的选择评估

市场细分的目的就是要进入目标市场，目标市场的选择直接关系到企业的生存和发展，只有选择了正确的市场，在恰当的时候进入该目标市场，企业的营销目标才能实现。

网络目标市场选择的基础是评估细分市场的经济价值，评估的标准是企业能在哪个市场上获得更多的收益。企业可以从以下几方面进行评估：

1. 目标市场规模和增长潜力

首先要评估目标市场是否有适当规模和增长潜力。企业在进入市场时，要进行一系列的投资。如果目标市场太小，没有发掘潜力，企业进入后没有发展前途。同时，由于现代市场的竞争很激烈，消费者的潜在需求对企业更具吸引力。细分市场只有存在着尚未满足的需求，才需要企业提供产品，企业也才能有利可图。

2. 细分市场的竞争状况

企业要进入某个细分市场，必须考虑能否通过产品开发等营销组合，在市场上站稳脚跟或居于优势地位。所以，企业应尽量选择那些竞争者较少，竞争者实力较弱的细分市场为自己的目标市场。那些竞争十分激烈、竞争对手实力十分雄厚的市场，企业一旦进入后就要付出昂贵的代价。当然，对于竞争者已经完全控制的市场，如果企业有条件超过竞争对手，也可设法挤进这一市场。

3.企业自身的目标和优势

企业所选择的目标市场应该是在技术水平、资金实力、经营规模、地理位置、管理能力等方面能充分发挥自身优势的市场。如果企业进入的是自身不能发挥优势的细分市场，那就无法在市场上站稳脚跟，但还必须考虑该目标市场是否符合企业长远目标。

拓展知识

淘宝网目标市场的选择策略

淘宝网（www.taobao.com）由全球最佳B2B公司阿里巴巴公司投资45亿元创办，成立于2003年5月10日。淘宝网的创立，为国内互联网用户提供了更好的个人交易场所，目前已发展成为国内领先的个人交易网上平台，市场份额达到72%。

资料来源：www.news3.xinhuanet.com/ec2005–07/04content_3170969_1.html

思考问题：

请你评述淘宝网的目标市场选择策略。

复习思考题

1.什么是网络市场细分？

2.网络市场细分的基础和步骤是什么？

3.目标市场的策略有哪些？

4.如何选择评估目标市场？

技能训练

米勒啤酒

中国的消费者都知道"万宝路"，但很少有人知道生产经营该品牌香烟的公司——菲力浦摩里斯公司。正是这家公司在1970年买下了米勒啤酒公司，并运用市场细分策略，使米勒啤酒成为了啤酒业的老大。

首先，米勒公司在做出营销决策前对市场进行了调查。他们发现，根据对啤酒饮用程度的不同，可将消费人群分为两类，轻度饮用者和重度饮用者，而且重度饮用者饮用量是轻度饮用者的8倍。结果一出来，决策者意识到他们面对的群体:多数为蓝领阶层，爱好体育运动。这是市场消费者的主流。于是，针对这些消费者，米勒啤酒公司改变了原来在消费者心中"高价优质"的定位，将消费目标人群从妇女及社会高收入者转向真正爱喝啤酒的下层人士，并且根据这个市场定位来重新创作广告。

同时，米勒啤酒公司并没有放弃市场细分出来的另外一个群体——低热度啤酒市场。开发出一种叫莱特的低热度啤酒。对它还进行了恰当的包装:高质量，男人气概。恰当的市场细分和定位使莱特啤酒的销售额当年就达到了200万箱。

在整个20世纪70年代，米勒啤酒取得了巨大的成功。到1980年，米勒啤酒的市场份额已经达到了21.1%，成了市场的龙头老大。

来源：摘自《网络营销与案例分析》

思考问题：

请同学们分析一下米勒公司是如何进行市场细分的，并运用了哪些营销组合策略。

任务四　网络市场定位

任务分析

企业在进行网络营销的目标市场定位时，必须要选定市场上竞争对手产品所处的位置，经过诸多方面的比较，结合本企业自身条件，为自己的产品创造一定的特色，塑造并树立一定的市场形象，以求目标顾客通过网络平台在心目中形成对自己产品的特殊偏爱。其实质就在于取得目标市场的竞争优势，确定产品在顾客心目中的适当位置并留下值得购买的印象，以便吸引更多的顾客。

相关知识

一、网络市场定位

网上市场定位，就是针对竞争者现有产品在网络市场上所处的位置，根据消费者或用户对该种产品某一属性或特征的重视程度，为产品设计和塑造一定的个性或形象，并通过一系列营销活动把这种个性或形象强有力地传达给顾客，从而适当确定该产品在网络市场上的位置。

二、网络市场定位的依据

企业要进行市场定位就是要突出企业及产品的特色，在市场上树立自己的鲜明形象，以求与其他企业相区别。这种区别就是企业进行市场定位的立足点和依据，主要可以从以下几个方面寻找和突出。

1.产品实体差异化

产品的差异通常表现在产品的特色、性能、耐用性、可靠性、外形款式、风格、价格及包装等多方面。例如，强生公司生产的婴儿沐浴露，不刺激婴儿的眼睛这就是产品在特色上的优势；猎豹汽车外形特殊，因为喜欢它的款式，消费者愿意花高价去买，这就是产品在外形款式上的差异化优势。产品本身可能找到的差异化优势远远不止这些，只要企业善于去发现、去创造，总会找到目标市场的。

2.服务差异化

服务差异化是"附加产品"的差别化。同种产品在市场上有很多不同的品牌，而不同品牌的产品在价格、质量、性能等方面难以产生更大的差别，优质的、特色的服务已经成为企业寻求差异化竞争优势的有效手段。如海尔集团推出的"星级服务工程"，荣事达集团推出的"红地毯服务工程"等，都是以特色服务形成自己的差异化优势的。

3.形象的差异化

企业形象也会影响消费者对企业产品的选择，即使其他方面的情况都相似，但由于企业形象或产品形象差异，购买者也会作出不同的反应。影响企业形象的因素是多方面的，主要有产品质量、售后服务、价格、分销渠道、促销方式、公共关系、品牌商标等。

4.人员差异化

企业通过聘用、培训等方式赢得比竞争对手更优秀的员工。如IBM公司以其人员的高专业技术水平而著称于世，迪士尼的员工都十分乐观和热情，这些优势成为吸引顾客的亮点。

三、网上市场定位策略

1."针锋相对式"定位

把企业的产品或服务定位在与竞争者相似或相近的位置上，同竞争者争夺同一细分市场。实行这种定位策略的企业，必须具备以下条件：能比竞争者提供更好的产品和服务，该市场容量足以吸纳两个以上竞争者的产品和服务，比竞争者有更多的资源和更强的实力。不过这种定位，产品和服务的市场进入难度很大，需要一定的时间，因此在定位前一定要经过周密的网络市场分析与预测。

2."填空补缺式"定位

企业寻找市场上尚无人重视或未被竞争对手控制的位置，使自己推出的产品能适应这一潜在目标市场的需要的策略。例如，腾讯公司推出的"移动QQ"服务，开创了移动通信与互联网的合作新领域——"移动QQ"。通常在两种情况下适用这种策略：一是这部分潜在市场，即营销机会没有被发现，在这种情况下企业容易取得成功；二是许多企业发现了这部分潜在市场，但无力去占领，需要有足够的实力才能取得成功。

3."另辟蹊径式"定位

当企业意识到自己无力与强大的竞争者相抗衡时，可以根据自己的条件取得相对优势，即突出宣传自己与众不同的特色，在某些有价值的产品和服务上取得领先地位，与竞争者划清界限。例如，美国的七喜汽水，之所以能成为美国第三大软性饮料，就是由于采用了这种策略，宣称自己是"非可乐"型饮料，是代替可口可乐和百事可乐的消凉解渴饮料，突出其与两"乐"的区别，因而吸引了相当部分的两"乐"品牌转移者。

4.比附定位

比附定位就是比拟名牌、攀附名牌以此来给自己的产品定位，以借名牌之光而使自己的品牌生辉，比附定位的主要办法有三种。

（1）甘居"第二"，就是明确承认本门类中另有最盛名的品牌，自己只不过是第二而已。这种策略会使人们对企业产生一种谦虚诚恳的印象，相信企业所说是真实可靠的，这样自然而然地使消费者能记住这个通常不易进入人们心中的品牌。

（2）攀龙附凤。首先是承认同一门类中已有卓越成就的名牌，本品牌虽自愧不如，但在某地区或在某一方面还可与这些最受顾客欢迎和信赖的品牌并驾齐驱、平分秋色。例如，内蒙古的宁城老窖，以"宁城老窖——塞外茅台"的广告来定位，就是一个较好的例子。

（3）奉行"高级俱乐部策略"。就是企业如果不能取得第一名或攀附第二名，便退而采用此策略，借助群体的声望和模糊数学的手法，打出入会限制严格的俱乐部式的高级团体牌子，强调自己是这一高级群体的一员，从而提高自己的地位形象。例如，可宣称自己是某某行业的三大企业之一、50家大企业之一、10家驰名商标之一等。

5. 属性定位

即根据特定的产品属性来定位。例如，广东客家酿酒总公司生产的"客家娘酒"，把其定位为"女人自己的酒"，突出这种属性，对女性消费者来说就很具吸引力。因为一般名酒酒精度都较高，女士们多数无福享受。"客家娘酒"宣称为"女人自己的酒"，就塑造了一个相当于"XO是男士之酒"的强烈形象，不仅可在女士们心目中留下深刻的印象，而且还会成为不能饮高度酒的男士指名选用的品牌。

6. 利益定位

即根据产品所能满足的需求或所提供的利益、解决问题的程度来定位。例如，中华牙膏、白玉牙膏定位为"超洁爽口"，广东牙膏定位为"快白牙齿"，洁银牙膏定位为"疗效牙膏"，宣称对牙周炎、牙龈出血等多种口腔疾病有显著疗效。这些定位都能吸引一大批顾客，分别满足他们的特定要求。

阅读材料

高露洁网络营销的市场定位策略

众所周知，高露洁以生产牙膏为主，基本属于单品种、普通日用化工类企业，此类企业全世界不可胜数，所以，高露洁网站并未定位在产品角度上，打出"全球牙膏大王"之类牌子来让自己成为众矢之的，而是从顾客出发，定位在"口腔护理"及"个人护理"这类服务性很强的层面上，重点放在站点的实用性和顾客亲和力上，以此来增加客户回访率。

在站点总体策划上，高露洁继续以儿童和专家为其品牌代言人，其妙处在于，借助儿童自然能打动做父母的一代；借助专家，能增加站点的科学性与权威性，两者融合则可收到情理兼顾之功效，况且从儿童入手就最容易建立长久的品牌忠诚度，这些都是网站构思上的高明之处。

基于上述的独特理解，该网站在内容上除去一般企业皆有的公司介绍、历史回顾、全球业务分布、股东投资、经营实绩和企业新闻等栏目外，其主导板块放在儿童天地、护理咨询和专家培训等核心栏目上。

儿童天地

儿童天地以"明亮的微笑，明亮的未来"为标题，设立了以牙齿保健为内容的"兔医生没有蛀牙俱乐部"，这是个集趣味性、教育性、娱乐性为一体的栏目，网站显然作了重点投入，在各种游戏方案设计和故事编辑上均独具匠心以吸引孩子们的回访率。如"刷!刷!刷!航海图"、"丛林游戏"、"着色故事板"、"牙齿小精灵"、"牙齿人历险记"、"讲述牙齿"、"猜猜看"以及"谁是兔医生"系列小说等，均是将电脑游戏、网上读物、各年龄儿童教育和牙齿保健知识融为一体的专项游戏。

护理咨询

对成年人，该站设有"口腔卫生咨询中心"，一位名叫Tessie的口腔护理专家为咨询主持人。访问者可向主持人发问，也可从下拉菜单中直接选择常见问题的解答，如口腔脓肿、呼吸不畅、蛀牙、镶牙、牙床病变、牙垢、过敏、牙龈出血、如何刷牙、如何洁齿、幼儿如何刷牙、幼儿如何洁齿。幼儿口腔保护、学龄童口腔护理、口腔疾病诊断程序等。

该栏目服务性很强，它囊括了不同年龄段查询者所能涉及的各种常见与特殊口腔护理问题，程式化的解答也能实现与顾客的快捷沟通。同时它的功利性也很强，因为专家的各项咨询和解决方案都可以落实到一个"健康微笑世界"中，这正是高露洁牙膏、牙刷及其他产品的总汇。针对顾客的任何口腔问题，都有相应品牌的牙膏（防蛀、防酸、防出血、苏打、脱敏，增白、长效、含氟、过氧化物、白金等）、牙刷（波浪型、普适型、三角型、电动型、柔软型、弯曲型等）以及令孩子们兴奋不已的"蝙蝠侠型"、"芭比娃娃型"之类产品组合为"最佳护理方案"。

专家培训

网站服务的另一类群体，就是全国的牙科医生。高露洁当然知道，企业的广告游说词和专科医生的语言在顾客心目中有质的区别。于是，它设置了"牙科专业天地"栏，以周到、全面、便利的信息服务为特色。这一板块的目标，是在专家群体中建立企业的"形象工程"或"口碑工程"，表面完全不带功利色彩，实际是从"不争而善胜"的至高境界上的投入。

第一项服务称之为"会议连接"。这是高露洁与全美牙科协会的协作项目，它以该协会名义提供任何全球性牙科学术会议信息。其中有各类学术报告、临床研究结果、病案分析、权威见解和最新动态等。对于全国牙医而言，该栏目就成为专业资料库与了解各国同行最新进展的窗口。仅此一项，就足以使他们将该站收入其Bookmark中。

第二项服务，就是口腔药物及护理用品最新科研成果、各类实验数据记录与项目进展介绍，这也是从业者们需要时时跟踪了解，但以往不易得到的一类服务。

第三项就是高露洁与哈佛大学开办的在线培训专栏以及各项专科教育资助申请等，这对年轻的开业医生具有无法抗拒的吸引力。

最后，该站还为全美牙医协会、各洲牙医协会、境外牙医协会等做了链接。

任务实施

网络市场定位的步骤

网络市场定位的关键是企业要设法在自己的产品上找出比竞争者更具有竞争优势的特性。

竞争优势一般有两种基本类型：一是价格竞争优势，就是在同样的条件下比竞争者定出更低的价格。这就要求企业采取一切努力来降低单位成本。二是偏好竞争优势，即能提供确定的特色来满足顾客的特定偏好。这就要求企业采取一切努力在产品特色上下工夫。因此，企业市场定位的全过程可以通过以下三大步骤来完成。

1. 调查研究影响市场定位的因素

对于企业而言，网上市场定位必须建立在网上市场营销调研的基础上，分析网络目标市场的现状，确认影响本企业网上市场定位的各种因素，一是竞争对手产品定位如何？二是目标市场上顾客欲望满足程度以及真正需要什么？三是针对竞争者的市场定位和潜在顾客真正需要的利益要求，企业应该及能够做些什么？要解决这些内容，企业必须采用各种市场调研方法和手段，系统而有针对性地分析和解决。这样，企业就有把握和确定自己的潜在竞争优势在哪里。

2. 准确选择竞争优势和定位战略

企业通过与竞争者在经营管理、技术研发、产品设计、促销、成本、服务等方面的对比分析，了解自己的长处和短处，从而认定自己的竞争优势，进行恰当的网上市场定位。网上市场定位的方法很多，且还在不断开发中，一般包括七个方面。

（1）特色定位，即从企业和产品的特色上进行定位。

（2）功效定位，即从产品的功效上进行定位。

（3）质量定位，即从产品的质量上加以定位。

（4）利益定位，即从顾客获得的主要利益上进行定位。

（5）使用者定位，即根据使用者的不同加以定位。

（6）竞争定位，即根据企业所处的竞争位置和竞争态势进行定位。

（7）价格定位，即从产品的价格上进行定位。

3.显示独特的竞争优势和重新定位

企业通过一系列的宣传促销活动，将其独特的竞争优势准确传播给潜在顾客，并在顾客心目中留下深刻印象。首先应使目标顾客了解、知道、熟悉、认同、喜欢和偏爱本企业的市场定位，在顾客心目中建立与该定位相一致的形象；其次，企业通过各种努力强化目标顾客形象，保持目标顾客的了解，稳定目标顾客的态度和加深目标顾客的感情来巩固与市场相一致的形象；最后，企业应注意目标顾客对其市场定位理解出现的偏差或由于企业市场定位宣传上的失误而造成的目标顾客模糊、混乱和误会，及时纠正与市场定位不一致的形象。企业的产品在市场上定位即使很恰当，但在下列情况下，还应考虑重新定位。

（1）竞争者推出的新产品定位于本企业产品附近，侵占了本企业产品的部分市场，使本企业产品的市场占有率下降。

（2）消费者的需求或偏好发生了变化，使本企业产品销售量骤减。

重新定位是指企业为已在某市场销售的产品重新确定某种形象，以改变消费者原有的认识，争取有利的市场地位的活动。如某日化厂生产婴儿洗发剂，以强调该洗发剂不刺激眼睛来吸引有婴儿的家庭。但随着出生率的下降，销售量减少。为了增加销售，该企业将产品重新定位，强调使用该洗发剂能使头发松软有光泽，以吸引更多、更广泛的购买者。重新定位对于企业适应市场环境、调整市场营销战略是必不可少的，可以视为企业的战略转移。重新定位可能导致产品的名称、价格、包装和品牌的更改，也可能导致产品用途和功能上的变动，企业必须考虑定位转移的成本和新定位的收益问题。

拓展知识

案例分析：中国邮政速递服务公司的市场定位

中国邮政速递服务公司是一家专门从事国际、国内邮政特快专递业务的企业，并先后于1980年7月和1984年11月开办了国际、国内邮政特快专递业务。特快专递作为一种新型业务，因其经济效益显著，从而引起了国内外诸多公司的关注。不仅国内的外贸、海关、民航、运输等单位先后开办此类业务，甚至某些外国私营公司也不失时机地参与到这一激烈的市场竞争中来。为了在这种激烈竞争的环境中胜出，中国邮政速递公司该如何进行市场定位？

一、问题提出的背景

近几年来，尽管邮政EMS的业务量、业务收入仍处于不断增长中，但市场占有率却是连年下滑。究其原因，在于强大的竞争对于和中国速递市场的良好发展前景。据速递业务专家介绍，当前中国速递市场规模已超过百亿元，且以每年30%的速度递增。更有专家预测，3年以后速递业务将以每年几倍甚至十几倍的速度增长。在这样的市场环境下，邮政EMS不能只是满足于自身业务量、业务收入的增长，而是要解决如何面对竞争的问题，将保持和提高市场占有率作为业务发展的目标。

在发展传统邮政业务的过程中，邮政主管部门要体现普遍服务的精神，即面对所有地域的所有用户以用户能够支付得起的资费提供具有一定服务质量的邮政服务。而邮政EMS业务毕竟不同于以往的传统邮政业务，它属于按照商业化原则运作的竞争类业务。在这类业务的领域中，其客户是特定的，价格也是特定的，一般不涉及公民权利与普遍服务问题，需要注入更多的市场元素，进行市场分析，结合市场细分，确定目标市场，明确市场定位，用以指导业务发展过程中灵活多变的营销策略，以便更好地适应竞争的需要。

二、竞争优势分析

20多年来，中国EMS已经建立起网络方面的强大优势。通过不懈努力，已与世界上200多个国家和地区建立了业务联系，在国内两千个城市开办了业务。目前已拥有专职邮政速递员工14000千余人，专用揽收、投递、运输机动车辆一万余部；全国201个城市配有最先进的电脑设备，计算机跟踪查询骨干网络基本建成，所有这些，构成了中国EMS的强大优势。

因此，近些年来，特快专递业务服务于改革开放，提出了"时限、质量和服务是EMS永恒的追求"的口号，致力于满足客户多层次、多方位的需要，在服务深度、服务方式、服务质量和服务水平上不断拓展、改善、提高，严格组织生产作业，加快邮件传递速度，加大综合生产能力投入，实行门到门、桌到桌服务，全面提高服务质量，便利广大用户。

三、针对不同客户群的目标市场营销

1. 定位集团大客户，挖掘潜在客户

近年来，邮政特快专递部门在发展过程中，通过对市场进行调查和分析，在继续稳固发展国际、国内特快专递业务的基础上，将业务的重点放在了发展集团用户的物品类业务、单证类业务上。对于集团大客户，突出重点地区和大城市，大力发展同城、区域性业务，提高物品类业务比重。经过不懈的努力并凭借中国邮政的信誉优势和EMS的品牌优势，邮政速递部门已将行业性行政管理机构纳入到EMS大客户范畴，如目前开办的并且比较成熟的单证类邮件，种类包括身份证、护照、港澳台通行证、录取通知书以及相关资料、驾驶执照、法院传票和法律文书等，都已成为同城业务的切入点，并显现出强劲的增长势头。随着电子商务、邮购等业务的发展，商贸企业、金融机构也被纳入到EMS大客户行列中来，旨在为这些新兴行业和部门提供个性化、多样化的服务。

2. 对三类不同的普通客户市场实施不同的市场定位

除了对集团大客户的深挖，邮政特快专递部门还加大了对普通客户市场的挖掘力度，提出了业务结构分层次发展的思路，根据客户对快递业务在资费和时限上的不同要求，在继续稳固发展国际、国内普通特快专递业务之外，成功开发出"经济类快递"和"精品类快递"，旨在更好地为客户服务，以满足不同客户市场的需求。

（1）普通特快专递业务。普通特快专递业务包括国际、国内两大块，国内特快专递业务又分为国内异地特快专递业务和同城特快专递业务。资费标准采用按重量计费的方式，例如国内特快专递的起重资费为500克及以内20元起，之后的续重资费为按500克为单位累进。在速递时限上，EMS承诺从函件收寄之日起至到达出，互换局止国内运递时限不超过72小时。

（2）国际经济快递业务。为满足物品类快件市场的需求，2001年1月1日中国邮政与荷兰TPG集团联手，在北京、上海、大津等20个大中城市开办了价廉质高的国际经济快递服务(EconomyExpress)，可通达二十几个国家。该业务类似于快货服务，可办理一票多件业务，并可提供"门到门"服务，对象为交寄大宗快件的商业用户。由于部分采用陆路运输，此类快件的资费大幅度降低，而时限仅比普通快递邮件慢48～72小时。

（3）EMS限时专递——次晨达业务。中国邮政于2004年1月8日、5月18日和6月18日分别推出了长江三角洲、珠江三角洲、环渤海区域内部的共计47个城市的EMS限时专递——次晨达业务，实现当日收寄的EMS邮件，保证在次日上午10点前(珠江三角地区11点前)投交给收件人，如未按时到达，所付邮费全部退还。2004年10月9日，又一举推出包括北京、天津、上海等13个城市间的次晨达业务，使该项业务开始走出区域。随着业务运作的不断成熟，还将不断扩大开办范围和通达区域，形成国内速递业务的精品业务，提升速递业务品质，增强竞争能力。

（4）抓住空白市场大力创新，积极开发新业务。在巩固现有市场的同时，中国邮政速递公司抓紧当前有利时机，在竞争对手尚未涉足的地方开拓和占领市场，推出特色业务来推进目标市场营销。特色业务主要有：

①国内特快专递代收货款业务；

②特快专递收件人付费业务；

③超常规特快专递邮件业务；

④邮政礼仪专递业务；

⑤邮政EMS手机短信息查询服务。

分析点评：

（1）中国邮政速递公司主要围绕客户需求进行市场细分工作。在梳理业务结构层次过程中，首先区分出集团大客户和普通客户的不同需求，然后对普通客户市场侧重从时限速度和资费上入手，又细分出三类业务、三个市场，满足不同客户的选择。在选择目标市场时，更加注重差异化策略，旨在为公司塑造强有力的、与众不同的鲜明个性，以求得客户的认同，树立自己的品牌形象。

（2）中国EMS在市场定位方面做了许多工作。如针对目前单证类业务数量比较大的情况，邮政速递部门已将行业性行政管理机构纳入到EMS大客户范畴，主要用于专递纳税单据、身份证、高考录取通知书等邮件；随着电子商务、邮购等业务的发展，商贸企业、金融机构也被纳入到EMS大客户行列，旨在为这些新兴行业和部门提供个性化、多样化的服务。但这些还不够细致，目前需要做的是，认真研究客户的需求，在适当的条件下，给予一定的政策倾斜，如资费上的、服务上的等，真正为客户着想，使中国EMS深入人心。

资料来源：通信企业市场营销

1.什么是网络市场定位？

2.网络市场定位的步骤？

3.网络市场定位的策略？

技能训练

联通CDMA的市场定位路在何方？

目前，中国联通是一家综合性的电信运营商，它在国内的重要竞争对手是从原中国电信拆分出来的中国移动，无论在规模还是效益上都和后者有不小差距。

现在，中国联通的发展到了关键时刻，一个新的项目——CDMA，给了它挑战中国移动的机会，这关系到公司在未来移动通信市场的地位。联通CDMA项目是国务院授权的唯一负责CDMA网络建设的项目，但又因为被多次叫停而错过了建设的最佳时间。当2001年底，CDMA网络建成时，中国移动通信市场已开始从卖方市场向买方市场过渡，而竞争对手中国移动已经发展壮大。

目前，联通和中国移动都有庞大的GSM网络，市场发展已经成熟。与GSM相比，CDMA网络具有频谱占用率低、保密性强、话音清晰、掉线率低、基站覆盖面广、电磁辐射小等众多优点，并且可以平滑地过渡到2.5G和3G，还具有一定的运营与建设成本优势。从技术看，CDMA占有一定的优势，但从业务来看，目前联通2G阶段的CDMA与GSM并无本质的区别。因此，市场成为竞争的关键问题。

联通CDMA定位于中高端用户，其主要原因是从现有的GSM网络考虑。GSM、CDMA双网经营是国际性难题，联通需要平衡二者关系，避免两网抢夺客户。而联通GSM网络现有客户主要是低端客户，那么CDMA网络建成以中高端客户为主自然成为理想目标。从技术和市场角度来讲，CDMA的现存市场定位也具有一定的合理性。但是，它现在定位的"中高端用户"通常是移动通信业务的最早使用者，也是电信企业利润的最大贡献者。目前的情况是90%以上的高端用户已经建立了对中国移动的品牌忠诚，如果改投联通CDMA，不仅要换机，而且要改号，带来的不便令顾客难以接受。同时，考虑到目前的网络不完善和用户量小，2G阶段的联通CDMA实际可提供给用户的价值可能还要小于中国移动。因此，联通CDMA的市场定位成为争议最多的问题。

联想的CDMA开通后，经历了比如号码短缺、换机传闻、手机缺货价高等一系列问题，逐渐走上了正轨。但是，从运行结果来看，联通CDMA的市场表现与预期还有不小差距。而且，联通的市场定位似乎很难实现，并没有出现大批的高端用户从中国移动跳网的情况。有关数据表明，CDMA并没有成功地吸引中国移动的高端用户。当初联通设想CDMA的用户至少70%～80%是来自中国移动的中高端用户，现在看来可能大部分是来自新用户。

在"中高端用户"的市场定位下，联通CDMA采取了相应的营销组合策略，但也出现了一些新的问题和变化。比如，在定价方面，CDMA在成本上比GSM有优势，而且有国家给予的10％的资费优惠政策，因此有实力实行低价策略去快速开拓市场，但是这与CDMA"中高端用户"的市场定位是矛盾的。如果选择高定价策略，那么一般来说最佳的方法是"撇脂定价"，但中国的移动通信市场早已经过了"撇脂"时代。又如，在广告方面，联通初期以"走进新时空，享受新生活"的形象广告为主，其后的广告诉求是"绿色，健康"概念。最近的广告则趋向多样化，其中有相当多的部分诉求"时尚"概念，像是瞄准追求时尚与潮流的青年一族。同时，CDMA品牌"绿色健康"概念的传播非常吸引人。但这些似乎与联通CDMA当初"中高端用户"的市场定位有一定偏差，这是否意味着联通对其用户定位有了些微调？

与此同时，竞争对手的情况也更加复杂。中国移动加强了自身的宣传和服务，开始用GPRS这一法宝对抗联通CDMA。新中国电信、新网通不仅在积极申请移动牌照，旗下的"小灵通"（无线市话）也开始凭借低廉的资费迅速蚕食移动通信的市场。中国联通面对着无情变化的市场，或许到了必须重新考虑前途的关键时刻了：联通CDMA的市场定位是否改变，如何改变？无论如何，中国庞大而快速增长的市场给了联通不少的信心，我们拭目以待。

思考问题：

1.联通CDMA项目最初的目标市场定位是什么？结合联通的GSM用户情况，说明公司在整体上采取的是哪种目标市场战略？

2.按照人口、心理、行为等细分标准去衡量联通CDMA的目标市场，有哪些特点？

3.你认为联通CDMA需要改变其目标市场定位吗？如果改变，应该选择什么的定位？给出你的理由。

总结与回顾

环境是企业生存和发展的舞台。企业的网络营销环境有宏观环境和微观环境，其中宏观环境中的网络环境对企业的网络营销活动影响很大。网络消费者的需求具有个性化、差异性、层次性、交叉性、超前性和可诱导性等特点。分析网络消费者的购买心理与行为，制定有针对性的网络营销策略，是营销活动取得良好效益的前提。我国的网络消费者有着明显的特点，它是我国企业在开展网络营销活动时要认真研究和分析的重要内容。

网络市场细分是指企业在调查研究的基础上，依据网络消费者的需求、购买动机与习惯爱好等的差异性，把网络市场划分成不同类型的消费群体。

市场细分的作用：有利于企业分析网络市场，开拓新市场；有利于集中使用企业资源，取得最佳营销效果；有利于制定适用的营销策略；有利于调整市场的营销方案。

市场细分的基础：消费者需求的差异性，消费者需求的相似性，企业的营销能力。市场细分的标准主要有地理因素、人口因素、心理因素、行为因素、网络因素等。

网络目标市场的选择评估应考虑的主要因素：目标市场规模和增长潜力、细分市场竞争情况以及企业本身的目标和优势。网络目标市场的覆盖方式主要有密集单一方式、产品专业化方式、市场专业化方式、选择性的专业化方式、全面覆盖战略。

目标市场的选择策略：无差异性营销策略、差异性营销策略、密集性营销策略。

企业进行网络市场定位的步骤：调查研究影响市场定位的因素，准确选择竞争优势和定位战略，显示独特的竞争优势和重新定位。

市场定位的主要方法有：特色定位、功效定位、质量定位、利益定位、使用者定位，竞争定位、价格定位。

网络营销策划

项目描述

网络营销活动都有既定的目标，实现这些目标就需要详细的计划方案，如产品分析方案、网站建设维护方案、网站推广方案等，这些方案可以指导创业者有策略有目的地实施自己的营销活动。以互联网为工具和媒介，结合互联网本身特性开展的营销策划活动，统称为网络营销策划。网络营销策划是企业在特定的网络营销环境和条件下，为达到一定的营销目标而制定的综合性的、具体的网络营销策略和活动计划。那么企业在开展网络营销活动时应如何进行营销策划呢？网络营销策划的步骤是什么？网络营销策划书该如何撰写？

学习目标

学习目标	知识目标	理解知晓网络营销策划的原则
		能够完成网络营销策划方案的设计
		能够合理地制定网络营销组合策略
		熟知网络营销策划方案的内容
	能力目标	能够掌握网络营销策划的原则
		具有完成网络营销策划方案的设计能力
		能够对网络营销策略进行优化组合能力
		具有网络营销策划方案撰写能力
	素质目标	具有信息收集、整理、分析能力
		培养协调、组织能力，具有团结协作意识
		具有良好的逻辑思维能力和文字表达能力

技能知识

网络营销策划概念，网络营销策划基本原则，网络营销策略组合，网络营销策划方案设计

EyeMo 应如何制定网络营销策划案

EyeMo 在香港地区的滴眼剂领域中始终保持着领先地位，并且拥有最高的广告知晓度。不过，作为市场领导者也面临着一些挑战。

过去两年的销售额显示整个滴眼剂市场规模呈现缩减趋势，与此同时，品牌的增长也进入停滞期。此外，消费者调查数据显示，最经常使用 EyeMo 的是 30 ~ 39 岁年龄组的人，恰好是属于上一代的滴眼剂使用者。"年龄在 20 ~ 29 岁的白领女性中电脑与互联网的重度频繁使用者被认为是最经常使用滴眼剂的人，但这些人却是更喜欢竞争者品牌的年轻形象。"

公司对 20 ~ 29 岁的白领女性进行了调查，以了解她们的消费习惯。调查主要是从三方面进行的：

首先，她们关心什么？调查显示，对她们中的大多数人来说，一个典型的工作日意味着至少在办公室里待 8 小时，并且长时间在电脑前、日光灯下工作。她们通常感到眼睛疲劳和发痒，而几滴滴眼剂可以缓解这些症状。不过她们通常都认为这是无关紧要的小毛病，一忍了之。令她们无法忍受的却是不好的个人形象和不受人欢迎。

其次，跟她们交流的最有效的方式是什么？数据表明，现在所有的网上活动中，电子邮件的使用率是 100%，并且一些聊天工具的使用也是比较广泛。

最后，她们是如何使用媒体的？对于 HKEyeMo 的目标受众来说，互联网和电子邮件不仅是为了完成工作进行信息搜索的工具，也是获取许多乐趣和相关资讯的渠道。

在结合以上调查资料的基础上，请帮助企业针对目标受众的特点制定一个网络营销方案。该方案的目标是：将营销的重点转移到经常使用滴眼剂的人群；创造出重复使用滴眼剂的必要性的驱动力；塑造 EyeMo 品牌形象以吸引年轻的用户；维护长期的顾客关系。

资料来源：摘自《网络营销：理论与实务》

任务一　网络营销策划方案设计

任务分析

企业网络营销策划方案是为达到一定的营销目标而制定的综合性的、具体的网络营销策略和活动计划。许多人把用互联网开展营销看成一种难办的事情，他们似乎忘记了营销的基础，尤其是当他们在提升购买行动时。实际上，网站仅仅是一种新媒体，做好一个策划是企业达到营销目标的关键。

一、网络营销策划的概念

网络营销策划是指企业根据网络营销目标、自身资源条件、网络营销环境及其发展趋势对将要发生的网络营销行为进行的超前决策，是以未来的市场趋势为背景，以企业的发展目标为基础设计企业的行为的过程。

网络营销策划是一项复杂的系统工程，它属于思维活动，但它是以谋略、计策、计划等理性形式表现出来的思维运动，是直接用于指导企业网络营销实践的。它包括对网站页面设计的修改和完善以及搜索引擎优化，付费排名，与客户的互动等诸多方面的整合，是网络技术和市场营销经验协调作用的结果。它也是一个相对长期的工程，期待网站的营销在一夜之间有巨大的转变是不现实的。一个成功的网络营销方案的实施需要通过细致的规划设计。

二、网络营销策划基本原则

1. 系统性原则

网络营销是以网络为工具的系统性的企业经营活动，它是在网络环境下对市场营销的信息流、商流、制造流、物流、资金流和服务流进行管理的。因此，网络营销方案的策划，是一项复杂的系统工程。策划人员必须以系统论为指导，对企业网络营销活动的各种要素进行整合和优化，使"六流"皆备，相得益彰。

2. 创新性原则

策划追求的是不断创新。网络为顾客对不同企业的产品和服务所带来的效用和价值进行比较带来了极大的便利。在个性化消费需求日益明显的网络营销环境中，通过创新、创造和顾客的个性化需求相适应的产品特色和服务特色，是提高效用和价值的关键。

3. 操作性原则

网络营销策划的第一个结果是形成网络营销方案。网络营销策划方案必须易于操作实施，否则毫无价值可言。这种可操作性，表现为在网络营销方案中，策划者根据企业网络营销的目标和环境条件，就企业在未来的网络营销活动中做什么、何时做、何地做、何人做、如何做的问题进行了周密的部署、详细的阐述和具体的安排。也就是说，网络营销方案是一系列具体的、明确的、直接的、相互联系的行动计划的指令，一旦付诸实施，企业的每一个部门，每一个员工都能明确自己的目标、任务、责任以及完成任务的途径和方法，并懂得如何与其他部门或员工相互协作。在策划过程中，要注意策划目标及整体方案的现实性和可能性，要从企业自身实力出发，量力而行。在策划过程中，要适时进行可行性论证。

4. 经济性原则

网络营销策划必须以经济效益为核心。网络营销策划不仅本身消耗一定的资源，而且通过网络营销方案的实施，改变企业经营资源的配置状态和利用效率。网络营销策划的经济效益，是策划所带来的经济收益与策划和方案实施成本之间的比率。成功的网络营销策划，应当是在策划和方案实施成本既定的情况下取得最大的经济收益，或花费最小的策划和方案实施成本取得目标经济收益。

5. 针对性原则

针对性原则有两重含义：吃准商品和吃透市场。网络可实现较好的针对性。现有的 Web 技术可以按照受众所属行业、居住地点、用户兴趣和消费习惯、操作系统及浏览器类型来进行选择，在尽量缩减投入的同时，切实提高效率。

6. 亲近性原则

策划的亲近性原则，是指策划应该力求贴近消费者，将亲善、坦诚、友好、轻松的态度贯彻到全部行动中，加强对消费者的感染力和亲和力，在亲密无间的情感氛围中，拉近和消费者的关系。

7. 灵活性原则

由于市场环境瞬息万变，即使最完美的策划方案，也会因市场的变化而不得不加以调整。因此，策划也就必须要坚持灵活性原则。

三、网络营销策划的内容

1. 目标策划

所谓目标，是指企业通过本期或本次活动要得到的结果，分为直接目标和间接目标。所谓直接目标，也叫心理目标，是直接作用及影响，它表现为知名度、认知度、信任度、偏爱度等；所谓间接目标是经济目标，是指公司一级的盈利目标和营销一级的销售目标，它表现为销量、销售额、市场占有率等。合理地制定目标即目标策划，应该结合市场营销等各种因素的影响，对活动能够达成的心理目标进行规定和策划。

目标策划通常有如下三方面的要求。

（1）时间要求。营销活动是有目的、有计划、有步骤的活动，对时间的要求特别严格，没有时间限定的活动势必是空洞和不切实际的。

（2）多重性要求。企业营销目标具有多重性，既有远期目标，也有近期目标和即时目标等，在表述上就要标明其多重性。

（3）量度要求。目标无论是心理目标，还是经济目标，都要求以数量化的形态表现出来，力求精确，越是精确越会给人以信心。网络营销策划在目标的制定上与一般策划毫无两样。只是网络营销策划目标的实现，更需要其他手段的配合协作。单靠网络，也许无法实现目标。因此，网络营销的目标策划应纳入企业的整体目标策划中，如果一定要设定目标，那就要洞察网络媒体自身的局限及其对其他媒体的需求，力争使目标切实可行。

2. 对象策划

营销对象即企业在市场营销战略中确立的目标市场,也就是产品的潜在顾客,它是细分市场的结果。企业要找到属于自己的策划对象,就要认真研究市场;经过市场细分,基本确定了对象之后,就要深入调查和分析这些消费者(潜在的)与活动相关的情况,如性别、年龄、职业、文化、爱好、收入、家庭环境、生活方式、思想方式、购买习惯、消费心理、平时接触媒体的习惯等;然后将所得的结果用文字明确表达出来。在对象策划中常犯的错误在于营销对象不明确、不具体,造成无的放矢。在茫茫人海中找出潜在的消费者绝非易事,但只有找到他们,有的放矢,才会收到好的营销效果。策划中的另一个常见病是对营销对象的了解有欠深入,缺少细致的、详细的调查,抓不到对象的关注焦点,就无法与之达成交流,引发共识,也就无法达到策划目的。

3. 地区策划

所谓地区,是指企业准备在哪些地区进行营销活动,或者说营销活动要覆盖哪些地区。地区与营销市场是密切相关的,两者之间最好是一一对应的关系。如果产品销售面向全国,生产能力、销售渠道部署及营销能力均可覆盖全国的话,就必须选择适应全国这一销售范围的营销。一般而言,如果销售市场无力或无意扩展到新地域,就不要选择大范围的营销。总之,活动的地理范围要与营销活动相辅相成,才会取得多快好省的效果。在进行地区策划时,必须对下列各项加以研究分析:

(1)该地区同类产品的知名度;

(2)同类产品在该地区的普及度或市场占有率;

(3)购买者层、使用者层及其对产品的关心程度、购买动机、指名购买情形等;

(4)本公司产品在该地区的市场占有率;

(5)消费者对本公司产品的反应,对竞争产品的评价;

(6)该地区竞争产品的推广可能性及本公司产品的可能销售量;

(7)销售的阻碍有哪些;

(8)把重点放在什么地区,其比重如何分布;

(9)占有率较低的地区在何处、为何低、解决的可能性如何。

上述因素因地区不同可能有很大不同,操作中应细致分析,认真研究。网络的特点就是全球化,因此,地区策划很难进行。由于网络中一对一的网络宣传模式威力很大,其地区策划的弱势也就可望得以弥补。一般而言,如果你的产品主要是面向本地销售,最好还是选择本地网站;如果是面向全国销售,最好还是选择中文网站。

4. 时间策划

(1)时限策划。从什么时间开始,到什么时间为止;是集中时间迅速造成声势,还是细水长流;是以销售旺季为主,还是利用节假日,这些都属于时间策划范畴。

（2）时序策划。是安排在商品进入市场之前，还是安排在商品进入市场之后，还是尽量保持进退同步；是先安排提示性广告，还是先安排详情广告；是先上电视，还是先上专业杂志等，这些都属于时序策划范畴。

（3）时点策划。即决定何时开始。

（4）频率策划。即确定在一定时限内要进行的次数。频率的变化方式大致有五种：水平式、递进式、递减式、交替式与波浪式。目前，互联网上的广告，大多是24小时在线式的，因此不存在时间问题，也不存在频率问题。网络广告的时间策划主要是在时限和时序方面做出恰当安排。

5. 战略策划

网络营销战略策划的主要任务是配合整体营销，为企业提供高屋建瓴的战略思想上的指导。根据目标市场情况运用的战略有：市场开发战略、市场渗透战略和集中优势战略。根据产品分析运用的战略有：优势产品战略、产品生命周期战略和产品系列化战略。根据实际情况运用的战略有：全方位战略、多媒体战略和集中战略。产品促销战略有：网上折价战略、网上变相折价促销战略、网上赠品促销战略、积分促销战略、网上联合促销战略。网络营销策划要纳入企业的整体策划，要贴近并融入企业的营销战略中去，接受其指导，并无条件地与之步伐一致，共进共退。网络营销策划必须要考虑战略策划问题，而且还应将其放在足够的高度，予以重视。

6. 战术策划

战术策划是根据网络营销目标对具体营销活动做出的安排和部署。所有战术，都可为网络营销策划所用，如实证法、引证法、反证法、悬念法、诱导法、比较法、征询法、提示法、承诺法等。实战中具体采用哪一种或哪几种需要纳入整体策划的范畴中来考虑，经过充分论证之后，择善而行。但创造性地使用已有战术，并创造出更加适合网络营销的属于自己独有的战术，是决定网络营销成败的又一关键因素。

7. 主题策划

主题策划是通过分析产品及市场，为企业的生产经营活动确定一个重点，该重点就是主题。主题有健康、时尚、舒适、漂亮、文化、优雅、经济、时髦、美味、聪明等。主题应该是具体的、切实的，应建立在广泛调查和科学研究基础之上，不能求多求全，也不应面面俱到。主题应该明确清晰，在内涵把握上，要深入准确；在表述的形式上要明快清晰。达到初看能引人注目，细看能引人入胜的效果。既要反对空洞无物，又要反对玄妙难解。主题还应该是统一的，主题要和产品定位、市场定位相吻合，要与企业的统一战略思想相一致；同一产品或同一企业应保持主题上的一致性或系列性。更为重要的是，主题应贴近潜在顾客的消费心理，能引起他们的充分注意，并促成他们的购买行为，从而实现目标。策划者应该从引起注意、刺激欲望、加深记忆、坚定信心等方面，替消费者多加考虑。

8. 媒体策划

如果就网络来谈论媒体策划的话，那就应该考虑在网络媒体上不同的广告类型如何选用，如何搭配的问题。如横幅广告、图标文选、简明的分类广告、多文字的详情广告或带画面的提示广告应该怎样选择，怎样配搭，怎样在不同的站点上综合运用等。这些是很细致，也很有讲究的工作。要做好就得下一番工夫，认真分析研究才行。网络媒体策划在选用不同网站及不同广告形式时应该考虑的问题主要有：点击率、应时性、保存性、易受性、效益性等。另外，还应从广告目的、广告效果、媒体特性、竞争对手的广告活动、广告费用、商品特性、潜在消费者、市场范围与特性等方面加以考虑。

9. 预算策划

预算是为策划活动所需支付的费用总额的预计。预算是策划的重要组成部分之一，其重要性不言而喻。实际操作中有两种情况：一是根据预算来制定策划计划；另一个是根据策划计划来制定预算。从效果方面说，后一种方法应该更好，但从企业实际情况看，尤其是资金受限情况下，常使用前一种方法。

10. 效果测评策划

在策划阶段，应该预先就营销策划的效果如何测评的问题向企业作出交代，这就是效果测评策划。如果策划的结果是无结果或亏损，一般的企业是不会将资金投入到策划活动中去的。

四、网络营销策划的种类

网络营销策划涉及了企业经营活动的全部领域，为各种有机联系的活动设定了努力的方向、行为的依据和评价的标准。由此我们不难看出它在企业经营活动中的核心地位和统率作用。按照不同的标准，策划分为不同类型。

1. 从时间上看，网络营销策划可分为长期策划和短期策划

长期策划指期限为两年以上的未来活动的规划。它以企业的五年发展计划为依据，制定比较粗略概括的行动方案，并根据企业发展计划的实现程度和形势的发展变化，不断对自身做出调整、修订、完善。短期策划一般指年度（或季度、月度）计划或一次性计划的制定。相比之下，短期策划要求更加具体、细致，期限越短就越要细致。特别是一次性文选活动的策划，要求具体到某日、某时、某分，某电视台、某栏目、某时段或某日报纸、某版、某篇幅等。短期策划在实际操作中使用得更多。

2. 从内容上看，网络营销策划可分为综合策划和单项策划

综合策划不是把各项活动的有关指标简单相加，而是要根据企业决策目标的需要，对各项活动进行综合平衡、统筹安排，做到既突出重点又照顾全局。因此综合策划具有更为明显的整体性、系统性、最优性、有效性的特性。常见的有单项策划、时间策划、地区策划等。单项策划要充分照顾与他项策划间的协调一致，

力避冲突和矛盾。

3. 从范围上看，网络营销策划可分为战略性策划和策略性策划

战略性策划是关系企业全局和整体的，是关系企业目标和方向性的策划，如传统企业实施网络营销战略的策划，而策略性策划是实现企业营销战略的某一方面的内容和方法手段，它是局部的、是实现战略的细节，如网络广告策划。

4. 从组织层次上看，网络营销策划可分为三个不同的层次

（1）高层策划。一般也是指网络营销战略策划，它关系企业的发展方向、战略目标、全局利益。

（2）中层策划。中层策划主要是为了实现战略目标，而进行的网络营销所需的人、财和物等各项资源管理的策划，也包括各职能部门单项业务的策划。

（3）小组或个人策划。小组或个人策划即为完成某项工作任务而进行的策划。

五、网络营销策划的特点

1. 明确的目的性

目标既是策划的出发点和归宿，也是衡量和评价策划效果的标准。任何策划都必须具有鲜明的目的性。没有目标的策划是一种空想，偏离目标的策划则是最为糟糕的策划。对任何企业来说，只有明确发展目标才有冲刺的动力，才有可能据此制定出科学有效的方案。因此，确立正确的网络营销目标是企业网络营销策划的首要任务。只有目标明确、方向正确，才能进一步考虑什么是达到目标的最好路线，应由哪些人，在什么时间和地点，采取什么具体行动。

2. 系统性

策划是一项系统工程，其任务是帮助企业运用它可以调控的有关因素，与市场需求及其他不可控制的有关因素，即市场营销环境，在相互影响、相互适应的过程中，实现动态平衡。网络营销策划是企业在上述过程中，分析、评价、选择可以预见到的机会，系统地形成目标和开发可以达到目标的各种网站、网页及构思各种营销行动的一种逻辑思维过程，要求构思科学，强调周密、有序。

3. 调适性

策划是一种程序、一个过程。它不是一成不变的，也不是机械的，而是有弹性、灵活性的，在保持一定稳定性的同时，根据环境变化，不断的调整和变动。它的调适性主要表现在两个方面：一是在网络营销策划之初，就要充分设想到未来形势的变化，让方案具备相应的灵活性，能适应变化的环境；二是体现在网络营销策划方案的执行过程中，任何方案都不是一成不变的，应根据市场的反馈及时修正、调整方案，让方案充分贴近市场，取得预期效果。

4. 具体性

网络营销策划是一种思维过程，但不能只是一种空想，必须具有很强的可操作性，是经过预定的努力可以实现的设计。所以网络营销策划的任务不仅要提供思路，而且要在此基础上产生行动方案，也就是发展出可以指导实践的网络营销计划。

5. 以网络为主要工具

网络营销有很多优势，如可以将产品、顾客意见调查、促销、广告、公共关系、顾客服务等各种营销活动整合在一起，进行一对一的沟通，真正达成营销组合所追求的综合效益；可以不受地域的限制，结合文字、声音、影像、图片及视讯，用动态或静态的方式展现；可以轻易迅速地更新资料；可以节省大量的营销与渠道成本；消费者可以重复上线浏览查询，等等。但这些都需要借助网络来实现。因此，网络营销策划的思想、方针、策略最终要落实到对网络的策划上来。

六、网络营销策略

网络营销策略即是企业在特定的网络营销的环境和条件下，根据各自不同的情况制定营销策略，从而达到营利目的的具体策略和计划活动。网络营销策略是一项非常复杂的系统工程，它包含的内容非常广泛，主要有产品策略、价格策略、品牌策略、渠道策略、促销策略等，根据互联网的特点制定相应的网络营销策略是企业网络营销成功的前提。

（一）网络产品策略

1. 网络产品概念

网络营销产品概念与传统营销一样，网络营销的目标是为顾客提供满意的产品和服务，同时实现企业的利益。在网络营销中，产品的整体概念可分为以下五个层次（图4-1）。

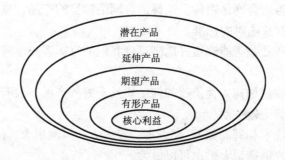

图4-1　产品的整体概念图

（1）核心利益层是指产品能够提供给消费者的基本效用或益处，是消费者真正想要购买的实质性东西，是满足顾客需要的核心内容，这是产品最基本的层次。例如，消费者购买电脑，是为了利用它作为上网的工具等。营销的目标在于发现隐藏在产品背后的真正需要，把顾客所需要的核心利益和服务提供给顾客。有时同一种产品可以有不同的核心需要，如人们对服装、鞋帽的需要，有些以保暖为主，有些则以美观为主，强调装饰和美化人体的功能。所以，营销人员要了解顾客需要的核心所在，以便有针对性地满足不同需求。

（2）有形产品层次是产品在市场上出现时的具体物质形态，主要表现在品质、特征、式样、商标、包装等几个方面，是核心利益的物质载体。

（3）期望产品层是顾客在购买产品前对所购产品的质量、使用方便程度、特点等方面的期望值，就是期望产品。

网络营销中，消费需求呈个性化特征，不同的消费者可以根据自己的偏好对产品提出不同的要求，因此，产品的设计和开发必须满足顾客的个性化消费需求。例如，中国海尔集团提出"您来设计我实现"的口号，消费者可以向海尔集团提出自己的需求个性，如性能、款式、色彩、质量等，海尔集团可以根据消费者的特殊要求进行产品设计和生产。

（4）延伸产品层次是指消费者购买产品所得到的附加服务。其主要目的是帮助用户更好地获取核心利益和服务。例如，提供信贷、质量保证、免费送货、售后服务等。例如在网上购买了某些虚体产品，要包括后期的客户培训、沟通、保证等内容。

（5）潜在产品层次是在延伸产品层次之外，由企业提供能满足顾客潜在需求的产品和服务，它主要是产品的一种增值服务。

2. 网络产品的选择

网络产品的选择应从以下几个方面进行考虑：

（1）产品的体积、重量：产品体积大、重量大，运输成本相应就高，经营的难度相对就大。

（2）产品是否适合网络销售，选择适合网络销售的产品，成功的机会就更大些，当然这方面没有绝对的标准。

（3）选择的产品是否能够很好地满足到我们的目标客户，满足到市场定位的具体需求。

（4）产品的质量如何，性价比如何；质量不好的产品，没有优势的产品，在销售中就相应的会比较被动。

（5）产品的成本和利润如何：高成本，投入大，风险也大，但可能收益也高；低成本，低利润，消费量大，也可以做大。

（6）市场上同类产品多不多，同类产品多，竞争就比较大，利润就会低些；同类产品少，有自己的特色，自己的竞争优势就大些。目前热销的商品类别有：第一类商品是化妆品及化妆用品；第二类商品是女装、女鞋；第三类商品是电子产品；第四类商品是女士箱包；第五类商品是手机充值卡；第六类商品是流行饰品；第七类商品是地方特色产品。

（7）产品的重复消费需求大，有利于吸引回头客；重复消费需求小，也许可持续发展的优势就不大。

（8）如果是服务定制类的产品，还要考虑产品的生产（制作）周期；比如照片定制类个性礼品，是需要一定的制作周期的；制作周期太长的产品，也许买家会等不及。

（9）选择的产品是否有很好的区分度，重复性或可替代的产品，就没有必要都选择，否则，自己的产品跟自己的产品打架的现象也是会出现的。

3. 网络产品策略

在传统的市场营销组合策略中，产品策略是企业营销策略的一个重要组成部分。在网络营销的环境下，传统的产品策略发生了一些变化。网络营销中的产品策略主要包括实物产品策略和信息产品策略。

（1）实物产品策略。从理论上来说，在网络上可营销任何形式的实物产品。但在现阶段受各种因素的影响，网络营销还不能达到这一要求。一般而言，企业在网络营销时，目前可首先选择下列产品：

①具有高技术性能或与电脑相关的产品；

②市场需要覆盖较大地理范围的产品；

③不太容易设店的特殊产品；

④网上营销费用远低于其他销售渠道费用的产品；

⑤消费者可从网上取得信息，并依此作出购买决策的产品；

⑥网络群体目标市场容量较大的产品；

⑦便于配送的产品；

⑧名牌产品。

选择产品时应注意：①要充分考虑自身产品的性能；②要充分考虑产品营销的区域范围及物流配送体系；③要充分考虑产品市场生命周期。

（2）信息服务策略。为用户提供完善的信息服务，是进行网络营销中产品策略的一个重要组成部分，通常采用设立虚拟展厅、虚拟组装室及自动的信息传递系统可以确保网络营销中产品策略获得成功。

①设立"虚拟展厅"。采用立体逼真的图像为主，辅之以方案、声音等展示企业的产品，使消费者身临其境，感受到产品的实实在在的存在，对产品做较为全方位的了解。

②设立"虚拟组装室"。在"虚拟展厅"中，对于一些需要消费者购买后进行组装的产品，可专门开辟空间，让消费者能根据自己的需求，对同一产品或不同产品进行组合，更好地满足消费者个性化需求。

③建立自动的信息传递系统。企业一是要建立快捷、及时的信息发布系统，使企业的各种信息能及时地传递给消费者；二是要建立信息的实时沟通系统，加强与消费者在文化、情感上的沟通，并随时收集、整理、分析、反馈消费者的意见和建议，在产品开发研究、生产设计及营销等方面，对于企业有帮助及好建议

的信息提供者，应给予相应的回报。

（二）网络营销定价策略

价格策略是企业营销策略中最富有灵活性和艺术性的策略，是企业的一种非常重要的竞争手段，是企业营销组合策略中的重要组成。在网络营销中，企业应特别重视价格策略的运用，以巩固企业在市场中的地位，增强企业的竞争能力。

1. 企业定价目标及网上营销价格的确定程序

（1）企业定价目标。定价目标是指企业通过制定产品价格要求达到的目的。它是企业选择定价方法和制定价格的依据。企业定价目标不是单一的，而是一个多元的结合体。在网络营销中，企业定价目标主要有以下几种：

①获得理想利润；

②获得适当的投资报酬率；

③提高或维持市场占有率；

④稳定价格；

⑤应付或防止竞争；

⑥树立企业形象。

（2）企业网上营销价格的确定程序。主要包括以下内容：

①分析测定市场需求；

②估计产品成本；

③分析竞争对手营销价格与策略；

④选择定价目标；

⑤选择定价方法；

⑥确定可能的价格；

⑦征询消费者的意见；

⑧确定最终价格。

2. 网上定价策略

网上定价的策略很多，既有心理定价策略，也有折扣定价策略、地理定价策略和信用定价策略。下面主要根据网络营销的特点，着重阐述个性化定价策略、声誉定价策略及折扣定价策略等。

（1）个性化定价策略。个性化定价策略就是利用网络互动性的特征，根据消费者对产品外观、颜色、款式等方面的具体需要来确定商品价格的一种策略。网络的互动性使个性化行销成为可能，也将使个性化定价策略有可能成为网络营销的一个重要策略。企业可根据消费者特殊需要的程度来确定出不同价位的商品价格。

（2）声誉定价策略。企业的形象、声誉是网络营销发展初期影响价格的重要因素，消费者对网上购物和订货还存在着许多顾虑，比如质量能否得到保证、货物能否及时送到和网上支付是否安全等。在此情况下，如果网上商店的形象、声誉在消费者心中享有声望，则它出售的网络商品价格可比一般商店高些；反之，价格则应低一些。

（3）折扣定价策略。在实际营销过程中，网上折扣价格策略可采取如下两种形式：一是数量折扣策略，即根据消费者购买商品所达到的数量标准，给予不同的折扣。二是现金折扣策略，即对于付款及时、迅速或提前付款的消费者，给予不同的价格折扣，以鼓励消费者按期或提前付款，加快企业资金周转，减少呆、坏账的发生。如美国亚马逊网上书店对于许多种图书都实行了折扣销售，折扣率从5%～40%不等。

（4）竞争定价策略。在大多数购物网站上，经常会将网站的服务体系和价格等信息公开声明，这就为了解竞争对手的价格策略提供方便。随时掌握竞争者的价格变动，调整自己的竞争策略，时刻保持同类产品的相对价格优势。

（5）自动调价、议价策略。根据季节变动、市场供求状况、竞争状况及其他因素，在计算收益的基础上，设立自动调价系统，自动进行价格调整。同时，建立与消费者直接在网上协商价格的集体议价系统，使价格具有灵活性和多样性，从而形成创新的价格。这种集体议价策略已在一些网站中采用。

（6）特有产品特殊价格策略。这种价格策略需要根据产品在网上的需求来确定产品的价格。当某种产品有它很特殊的需求时，不用更多地考虑其他竞争者，只要去制定自己最满意的价格就可以。这种策略往往分为两种类型，一种是创意独特的新产品，它是利用网络沟通的广泛性、便利性，满足了那些品位独特、需求特殊的顾客的"先睹为快"的心理。另一种是有特殊收藏价值的商品，如古董、纪念物或其他有收藏价值的商品。在网络上，世界各地的上网者都能在网上看到这些商品的宣传，这无形中增加了许多商机。

（7）拍卖竞价策略。网上拍卖是目前发展比较快的领域，经济学认为市场要想形成最合理价格，拍卖竞价是最合理的方式。网上拍卖是由消费者通过互联网轮流公开竞价，在规定时间内价高者赢得产品或服务。根据供需关系，网上拍卖竞价方式有下面几种。

①竞价拍卖。最大量的是C2C的交易，包括二手货、收藏品，也可以是普通商品以拍卖方式进行出售。

②竞价拍买。是竞价拍卖的反向过程，消费者提出一个价格范围，求购某一商品，由商家出价，出价可以是公开的或隐蔽的，消费者将与出价最低或最接近消费者意愿的商家成交。

③集体议价。在互联网出现以前，这一种方式主要是以多个零售商结合起来，向批发商（或生产商）以数量换价格的方式进行。互联网出现后，使得普通的消费者能使用这种方式购买商品。集合竞价模式，是一种由消费者集体议价的交易方式。这在目前的国内网络竞价市场中，还是一种全新的交易方式。

（三）渠道策略

1. 网络营销渠道概述

网络营销渠道是指网络企业为实现营销目标，借助互联网技术支持的销售平台，提供产品或服务信息给消费者，进行信息沟通、资金转移和产品转移的一整套相互依存的中间环节。一个完善的网上销售渠道应有三大功能：订货功能、结算功能和配送功能。

（1）订货系统。订货系统为消费者提供产品信息，同时方便厂家获取消费者的需求信息，以求达到供求平衡。一个完善的订货系统，可以最大限度降低库存，减少销售费用。

（2）结算系统。消费者在购买产品后，可以有多种方式方便地进行付款，因此厂家（商家）应有多种结算方式。目前国外流行的几种方式有信用卡、电子货币、网上划款等。而国内付款结算方式主要有邮局汇款、货到付款、信用卡等。

（3）配送系统。一般来说，产品分为有形产品和无形产品，对于无形产品如服务、软件、音乐等产品可以直接通过网上进行配送，对于有形产品的配送，要涉及运输和仓储问题。国外已经形成了专业的配送公司，如著名的美国联邦快递公司，它的业务覆盖全球，实现全球快速的专递服务，以至于从事网上直销的戴尔公司将美国货物的配送业务都交给它完成。因此，专业配送公司的存在是国外网上商店发展较为迅速的一个原因所在，在美国就有良好的专业配送服务体系作为网络营销的支撑。

2. 网络营销渠道的选择

影响企业选择营销渠道的因素包括目标市场、商品因素、企业自身条件、环境因素等。企业在确定了目标市场后，并对影响营销渠道决策的各因素进行了分析，就需进行营销渠道的决策。

（1）直接营销渠道与间接营销渠道策略的选择。直接营销渠道也称零层分销渠道，是指商品直接从生产流通到消费者或使用者的营销渠道。企业选择网络直接销售渠道，一般需要考虑几个方面的因素：一是目标市场，一般来说，企业的目标市场范围越大，面对最终消费者进行网上直销的可能性就越小；二是产品特性，用途单一、单价高、技术性强的产品比较适合网络直接销售；三是企业状况，具有较强实力的企业可以建立起自己的网上营销网络，实行直接销售；四是传统渠道的影响，采用网络直接销售会对传统渠道构成影响，如果中间商在广告、物流、信用、人员培训等方面对企业有关键作用，则企业就不能考虑采用网络直接销售。

案例分析

戴尔的网上直销

戴尔计算机公司 1984 年由迈克尔·戴尔创立。戴尔公司目前已成为全球领先的计算机系统直销商，跻身业内主要制造商之列。戴尔公司在全球34个国家设有销售办事处，其产品和服务遍及超过170个国家和地区。戴尔公司设计、开发、生产、营销、维修和支持包括外围硬件和计算机软件等在内的广泛产品系列，每一个系统都是根据客户的个别要求量身定制的。戴尔的模式习惯被称为直销，在美国一般称为"直接商业模式"。所谓戴尔直销方式，就是由戴尔公司建立一套与客户联系的渠道，由客户直接向戴尔发订单，订单中可以详细列出所需的配置，然后由戴尔"按单生产"。戴尔所称的"直销模式"实质上就是简化、消灭中间商。在迈克尔·戴尔所著的《戴尔直销》一书中解释说："在非直销模式中，有两支销售队伍，即制造商销给经销商，经销商再销给顾客。而在直销模式中，我们只需要一支销售队伍，他们完全面向顾客"，"别的企业必须保持高库存量，以确保对分销和零售渠道的供货。由于我们只在顾客需要时生产他们所需要的产品，因此我们没有大量的库存占用场地和资金，没有经销商和相应的库存带来额外成本，所以我们有能力向顾客提供更高价值，并迅速扩张。而对每一位新顾客来说，我们能收集到更多他们对产品和服务需求的信息。"通过"直线订购模式"，戴尔公司与大型跨国企业、政府部门、教育机构、中小型企业以及个人消费者建立直接联系。戴尔公司是首家向客户提供免费直拨电话技术支持以及第二个工作日到场服务的计算机供应商。同时，戴尔公司能够为客户提供高价值的技术方案，系统配置强大而丰富，性能表现物超所值。此外，戴尔公司能以更富竞争力的价格推出最新的相关技术。在每天与众多客户的直接交流中，戴尔公司掌握了客户需要的第一手资料。戴尔公司提供广泛的增值服务，包括安装支持和系统管理，并在技术转换方面为客户提供指导服务。

间接营销渠道也称层次分销渠道，指企业借助网络中间商的专业网上销售平台发布产品信息，与顾客达成交易协议的营销渠道。网络中间商是融入互联网技术后的中间商，具有非常强的专业性，根据顾客需求为销售商提供多种销售服务，并收取相应费用。基于网络营销的虚拟性和互联网丰富的信息资源、快速的信息处理，网络营销中间商在搜索产品、提供产品信息服务和虚拟社区等电子服务方面具有明显优势。目前，网络中间商主要是指提供信息服务和虚拟社区中介服务的电子中间商，其提供的服务主要包括目录服务、搜索服务、虚拟商业街、网上出版、网上商店、站点评估、电子支付、虚拟市场、智能代理等。间接营销渠道一般适合于小量商品及生活资料。

小知识

Amazon 的间接销售渠道

当你从 Amazon 公司在线购买图书时，这些图书最早是源于某个出版商，然后由批发商将其买断。Amazon 公司在这里工作只是通过它的互联网网站收集整理消费者的订单然后将订单发给批发商处理。批发商如能供货则将书发到 Amazon 公司的仓库里。接着在 Amazon 公司的仓库里，批发商发来的图书经过分装后再最后递送到各个消费者手里。

为什么在以上 Amazon 的网络间接销售案例中，有这么多离线成员的参加？其实在看这个问题的时候要从两个方面来看，首先我们应该注意到图书是一种有形的商品，所以是无法实现完全数字化的搬运、集中和分类的。其次我们应该看到 Amazon 在网络销售渠道中能够生存的原因是因为它提供了一些有效的分销功能，这些功能增强了它在分销渠道中的权利，也使得那些它能够不需要砖石水泥的空间就能够利用互联网来实现交易。

（2）长渠道和短渠道策略的选择。长渠道策略的优点：一是批发商的介入，利用其经营的经验和分销网络，为零售商节省时间、人力和物力，又为厂商节省营销费用；二是能够提供运输服务和资金融通；三是组织货源，调节供需在时间和空间上的矛盾；四是为生产企业提供市场信息和服务。其缺点是经营环节多，参加利润分配单位多，流通时间长，不利于协调、控制。采用短渠道策略的条件有：一是有理想的零售市场，即市场要集中顾客流量大的区域，市场潜在需求量要大；二是产品本身的特殊性，如时尚商品、易损易碎商品、高价值商品、技术性强的商品等；三是生产企业有丰富的市场营销经验和公关能力；四是财力资源较为雄厚。

（3）宽渠道和窄渠道策略的选择。所谓营销渠道的宽窄，是用渠道的横向联系来考察的，即在渠道的某一层次上使用同种类型中间商的多少。一般的分类标准是某一层次上（如批发或零售）选择两个以上中间商的则称为宽渠道，只选择一个中间商的称为窄渠道。企业对营销渠道宽窄的选择策略，通常有密集型分销渠道策略、选择型分销渠道策略、专营型分销渠道策略三种。

（四）促销策略

1. 网上促销概述

网上促销是网络营销中极为重要的一项内容。网上促销是指利用互联网等电子手段来组织促销活动，以辅助和促进消费者对商品或服务的购买和使用。促销形式主要有四种：网络广告、销售促进、站点推广和关系营销。

网络广告是网络营销促销的主要形式之一，通过旗帜广告、电子邮件广告、电子杂志广告、新闻组广告、公告栏广告等多种形式，展示企业的产品和形象。

网络营销站点推广是利用网络营销策略扩大站点的知名度，吸引网上浏览者访问网站，达到宣传和推广企业以及企业产品的效果。

销售促进是企业利用可以直接销售的网络营销站点，采用一些手段，例如价格折扣、有奖销售、拍卖销售等，宣传和推广产品。

关系营销是借助互联网的交互功能吸引顾客与企业保持密切关系，培养顾客的忠诚感。

2. 网上促销策略

根据促销对象的不同，网上促销策略可分为：消费者促销、中间商促销和零售商促销等。下面针对消费者的网上促销策略简单介绍一下。

（1）网上折价促销。折价也称打折、折扣，是目前网上最常用的一种促销方式。由于网上销售商品不能给人全面、直观的印象，也不可试用、触摸等原因，再加上配送成本和付款方式的复杂性，造成网上购物和订货的积极性下降。而幅度比较大的折扣可以促使消费者进行网上购物的尝试并作出购买决定。

（2）网上变相折价促销。变相折价促销是指在不提高或稍微增加价格的前提下，提高产品或服务的品质和数量，较大幅度地增加产品或服务的附加值，让消费者感到物有所值。由于网上直接价格折扣容易造成降低了品质的怀疑，利用增加商品附加值的促销方法会更容易获得消费者的信任。

小知识

网上变相折价促销优点

（1）通过直接的折价还能塑造出"消费者能以较低的花费就可买到较大、较高级、较实用的产品"的印象，能够淡化竞争者的广告及促销力度。

（2）吸引已经用过的消费者再次购买，以培养和留住既有消费群。假如消费者已经由"样品赠送"、"优惠券"等形式试用或接受了本产品或相应的技术服务，或者原本就是此产品及相应技术服务的老顾客，此时，产品或服务的折价就像是特别为他们馈赠的一样，比较能引起市场反应。

（3）网上赠品促销。赠品促销目前在网上的应用不算太多。一般情况下，在新产品推出试用、产品更新、对抗竞争品牌、开辟新市场情况下利用赠品促销可以达到比较好的促销效果。

（4）网上抽奖促销。抽奖促销是网上应用较广泛的促销形式之一，是大部分网站乐意采用的促销方式。网上抽奖活动主要附加于调查、产品销售、扩大用户群、庆典、推广某项活动等。消费者或访问者通过填写问卷、注册、购买产品或参加网上活动等方式获得抽奖机会。网上抽奖促销活动应注意的几点：①奖品要有诱惑力，可考虑大额超值的产品吸引人们参加；②活动要有趣味、容易参加，否则较难吸引匆匆的访客；③要保证抽奖结果的公正公平性，应该及时请公证人员进行全程公证，并及时通过 E-mail、公告等形式向参加者通告活动进度和结果。

（5）积分促销。积分促销在网络上的应用比起传统营销方式要简单和易操作。网上积分活动很容易通过编程和数据库等来实现，并且结果的可信度很高，操作起来相对较为简便。积分促销一般设置价值较高的奖品，消费者通过多次购买或多次参加某项活动来增加积分以获得奖品。现在不少电子商务网站"发行"的"虚拟货币"是积分促销的另一种体现。网站通过举办活动来使会员"挣钱"，同时可以用仅能在网站使用的"虚拟货币"来购买本站的商品，实际上是给会员购买者相应的优惠。

中国移动积分商城是中国移动面向全球通、动感地带用户的积分计划设立的官方兑换网站，中国移动积分商城的地址是：http://jf.10086.cn/（目前 http://jf.chinamobile.com/ 这个域名也依旧可以使用，不过最终会更换成统一的 10086.cn）。用户可以在中国移动积分商城里使用自己的积分兑换各种陈列的商品。

（6）网上联合促销。由不同商家联合进行的促销活动称为联合促销。联合促销的产品或服务可以起到一定的优势互补、互相提升自身价值等效应。如果应用得当，联合促销可起到相当好的促销效果，如网络公司可以和传统商家联合，以提供在网络上无法实现的服务。

日前，厦门首届网商联盟营销活动拉开了序幕，一种全新的联合促销模式由此浮出水面。而此次联合促销的主角之一七匹狼男装也在不久前参与了一次模式更新颖的联合宣传，与淘宝商城的曲美等数十家品牌商在世界杯期间联合购买了央视一套、五套的广告资源。

（五）品牌策略

品牌是整体产品的重要组成部分，品牌是一种企业资产，是一种信誉，由产品品质、商标、广告口号、企业标志、公共关系等混合形成。

从网络品牌资产角度来讲，品牌内涵指品牌的知名度、美誉度、认同度、忠诚度。在网络营销中，品牌及品牌价值在企业营销中的地位和作用显得日益重要，并成为企业竞争的重要手段。网络营销品牌是消费者选择产品和服务的重要依据。

网络品牌有两个方面的含义：一是通过互联网手段建立起来的品牌；二是互联网对网下既有品牌的影响。两者对品牌建设、推广的方式和侧重点有所不同，但目标是一致的，都是为了企业整体形象的创建和提升。

1. 网络营销品牌特征

网络营销品牌有以下几点特征：

第一，网络品牌是网络营销效果的全面体现。网络营销的每个环节都与网络品牌有间接或直接的关系，从网站策划、网站建设到网站推广、顾客关系和在线销售，都与网络品牌紧密相关。如网络广告策略、搜索引擎营销、供求信息发布等各种网络营销方法均对网络品牌产生影响。

第二，网络用户是网络品牌价值的体现途径。网络品牌的价值体现了企业与互联网用户之间建立起来的和谐关系。网络品牌是建立用户忠诚的一种手段，因此对于顾客关系有效的网络营销方法对网络品牌建设同样是有效的。如，集中了相同品牌爱好者的网络社区，在一些大型企业如化妆品、保健品、汽车行业、航空公司等比较常见，网站的电子刊物、会员通信等也是创建网络品牌的有效方法。

第三，有价值的信息和服务是网络品牌的核心内容。例如，Google 是最成功的网络品牌之一，当我们想到 Google 这个品牌时，头脑中的印象不仅是那个非常简单的网站界面，更主要的是它在搜索方面的优异表现，Google 可以给我们带来满意的搜索效果。

第四，网络品牌建设是一个长期的过程。网络营销是一项长期的营销策略，对网络营销效果的评价用一些短期目标并不能全面衡量。

第五，网络营销品牌推动了电子商务向前发展。在全球商业网站多如牛毛的情况下，消费者对品牌的忠诚度会越来越低，网站品牌形象的建立，也就比传统营销时代更加重要。

2.建立和推广网络品牌的主要途径

网络品牌通常并不是独立存在的，网络品牌建立和推广的过程，同时也是网站推广、产品推广、销售促进的过程，所以有时很难说哪种方法是专门用来推广网络品牌的，在实际工作中，建立和推广网络品牌主要有以下途径。

（1）企业网站中的网络品牌建设。企业网站建设是网络营销的基础，也是网络品牌建设和推广的基础。在企业网站中有许多可以展示和传播品牌的机会，如网站上的企业标识、网页上的内部网络广告、网站上的公司介绍和企业新闻等有关内容。

企业网站所必不可少的要素之一——域名，目前正凸显网络品牌价值。原本只是在互联网上发挥"门牌号码"作用的域名，其唯一性和绝对排他性的特点，使它已经从一个单纯的技术名词转变成为一个蕴藏巨大商机的标识，被众多网络营销专家誉为企业的"网上商标"。并且有专家认为，如果将企业名称、商标和域名进行三位一体的有机结合，即将企业原有的商业标识体系，如商标、企业名称等网下企业无形资产，通过企业域名在网上顺延，将使企业的业务渠道在时间和空间上得到无限拓展。

（2）电子邮件中的网络品牌建设和传播。企业由于市场工作的需要，每天都可能会发送大量的电子邮件，其中有一对一的顾客服务邮件，也会有一对多的产品推广或顾客关系信息，通过电子邮件向用户传递信息，也就成为传递网络品牌的一种手段。

在电子邮件信息中传播网络品牌信息需要重视以下几个方面。

①设计一个含有公司品牌标志的电子邮件模板，这个模板还可以根据部门的

不同，或者接收人群的不同特征进行针对性设计，也可以为专项推广活动进行专门设计；

②电子邮件要素完整齐全，并且体现出企业品牌信息；

③为电子邮件设计合理的签名档；

④商务活动中使用企业电子邮箱而不是免费邮箱或者个人邮箱；

⑤企业对外联络电子邮件格式要统一；

⑥在电子刊物和会员通信中，应在邮件内容的重要位置出现公司品牌标识。

（3）网络广告中的网络品牌推广。网络广告的作用主要表现在两个方面：品牌推广和产品促销。相对于其他网络品牌推广方法，网络广告在网络品牌推广方面具有针对性和灵活性的特点，可以根据营销策略需要设计和投放相应的网络广告，如根据不同节日设计相关的形象广告，并采用多种表现形式投放于不同的网络媒体。利用网络广告开展品牌推广可以是长期的计划，也可以是短期的推广，如针对春节、情人节、企业庆典等特殊节日的品牌广告。

（4）搜索引擎营销中的网络品牌推广。搜索引擎是用户发现新网站的主要方式之一，用户通过某个关键词检索的结果中看到的信息，是一个企业／网站网络品牌的第一印象，这一印象的好坏则决定了这一品牌是否有机会进一步被认知。可见，网站搜索引擎收录并且在搜索结果中排名靠前，是利用搜索引擎营销手段推广网络品牌的基础。这也说明，搜索引擎的品牌营销是基于企业网站的营销方法。

利用搜索引擎进行网络品牌推广的主要方式包括在主要搜索引擎中登录网站、搜索引擎优化、关键词广告等常见的搜索引擎营销方式。这种品牌推广手段通常并不需要专门进行，而在制定网站推广、产品推广的搜索引擎策略的同时，考虑到网络品牌推广的需求特点，采用"搭便车"的方式即可达到目的。这对搜索引擎营销提出了更高的要求，同时也提高了搜索引擎营销的综合效果。

（5）用病毒性营销方法推广网络品牌。病毒性营销对于网络品牌推广同样有效。例如：Flash幽默小品是很多上网的用户喜欢的内容之一，一则优秀的作品往往会在很多同事和网友中相互传播，在这种传播过程中，浏览者不仅欣赏了画面中的内容，同时也会注意到该作品所在网站的信息和创作者的个人信息，这样就达到了品牌传播的目的。除此之外，常见的病毒性营销的信息载体还有免费电子邮箱、电子书、节日电子贺卡、在线优惠券、免费软件、在线聊天工具等。

（6）提供电子刊物和会员通信。电子刊物和会员通信都是许可 E-mail 营销中内部列表的具体表现形式，这种基于注册用户电子邮箱传递信息的手段对于顾客关系和网络品牌都有显著的效果。

2002年10月初，美国一个咨询公司Nielsen Norman Group（NNG）发表了一份有关电子刊物有效性的调查报告，调查表明，电子刊物的网络营销价值非常显著，甚至超过了网站本身，订阅了电子刊物的用户不需要每天浏览网站，便可以了解到企业的有关信息，对于企业品牌形象和增进顾客关系都具有重要价值。但是，即使是用户自愿订阅的邮件列表，也不可能达到100%的阅读率，有些用户虽然还在列表上，对于收到的邮件也不一定阅读。该调查表明，大约27%的邮件从未被用户打开，被完全阅读的邮件只有23%，其他50%的邮件只是部分阅读或者简单浏览一下。

（7）利用网络营销导向的网络社区建设和推广网络品牌。对于有较高品牌知名度的大中型企业，可以利用网络营销社区开展品牌建设。由于有大量的用户需要在企业网站上获取产品知识，并且与同一品牌的消费者相互交流经验，这时网络社区对网络品牌的价值就体现出来了。

任务实施

设计网络营销策划方案

网络营销方案的策划，首先是明确策划的出发点和依据，即明确企业网络营销目标以及在特定的网络营销环境下企业所面临的优势、劣势、机会和威胁（即SWOT分析）。然后在确定策划的出发点和依据的基础上，对网络市场进行细分，选择网络营销的目标市场，进行网络营销定位。最后对各种具体的网络营销策略进行设计和集成。

1. 明确组织任务和远景

要设计网络营销方案，首先就要明确或界定企业的任务和远景。任务和远景对企业的决策行为和经营活动起着鼓舞和指导作用。

企业的任务是企业所特有的，也包括了公司的总体目标、经营范围以及关于未来管理行动的总的指导方针。区别于其他公司的基本目的，它通常以任务报告书的形式确定下来。

2. 确定组织的网络营销目标

任务和远景界定了企业的基本目标，而网络营销目标和计划的制定将以这些基本目标为指导。表述合理的网络营销目标，应当对具体的营销目的进行陈诉，如：利润比上年增长12%，品牌知名度达到50%等。网络营销目标还应详细说明达到这些成就的时间期限。

3. SWOT分析

除了企业的任务、远景和目标之外，企业的资源和网络营销环境是影响网络营销策划的两大因素。作为一种战略策划工具，SWOT 分析有助于公司经理以批评的眼光审时度势，正确评估公司完成其基本任务的可能性和现实性，而且有助于正确地设置网络营销目标并制定旨在充分利用网络营销机会、实现这些目标的网络营销计划。

4. 网络营销定位

为了更好地满足网上消费者的需求，增加企业在网上市场的竞争优势和获利机会，从事网络营销的企业必须做好网络营销定位。网络营销定位是网络营销策划的战略制高点，营销定位失误，必然全盘皆输。只有抓准定位才有利于网络营销总体战略的制定。

5. 网络营销平台的设计

所说的平台，是指由人、设备、程序和活动规则的相互作用形成的能够完成的一定功能的系统。完整的网络营销活动需要五种基本的平台：信息平台、制造平台、交易平台、物流平台和服务平台。

6. 网络营销组合策略

网络营销策划中的主题部分，它包括 4P 策略 (网上产品策略的设计、网上价格策略的设计、网上价格渠道的设计、网上促销策略的设计) 以及开展网络公共关系。

7. 网络营销策划书

形成网络营销策划书面形式。

8. 方案实施、效果测评

拓展知识

网络营销实施方案策划

（一）网络营销顾客满意策划

网络营销服务的本质也就是让顾客满意，顾客是否满意是网络营销服务质量的唯一标准。要让顾客满意就是要满足顾客的需求，顾客的需求一般是有层次性的，如果企业能够提供满足顾客更高层次需求的服务，顾客的满意程度越高。

1. 了解产品信息

在网络时代，顾客需求呈现出个性化和差异化特征，顾客为满足自己个性化的需求，需要全面、详细地了解产品和服务信息，寻求出最能满足自己个性化需求的产品和服务。

2. 解决问题

顾客在购买产品或服务后，可能面临许多问题，需要企业提供服务解决这些问题。顾客面临的问题主要是产品安装、调试、试用和故障排除以及有关产品的系统知识等。在企业网络营销站点上，许多企业的站点提供技术支持和产品服务以及常见的问题释疑。有的还建设有顾客虚拟社区，顾客可以通过互联网向其他顾客寻求帮助，自己学习自己解决。

3. 接触公司人员

对于有些比较难以解决的问题，或者顾客难以通过网络营销站点获得解决方法的问题，顾客也希望公司能提供直接支援和服务。这时，顾客需要与公司人员进行直接接触，向公司人员寻求意见，得到直接答复或者反馈顾客的意见。

4. 了解全过程

企业要实现个性化服务，就需要改造企业的业务流程，将企业业务流程改造成按照顾客需求来进行产品的设计、制造、改进、销售、配送和服务。顾客了解和参与整个过程意味着企业与顾客需要建立一种"一对一"的关系。互联网可以帮助企业更好地改造业务流程以适应对顾客的"一对一"营销服务。

上述几个层次的需求之间是一种相互促进的作用。只有低层次需求满足后才可能促进更高层次的需求，顾客的需求越得到满足，企业与顾客的关系也越密切。

（二）网上个性化服务策划

1. 网上个性化服务的概念

个性化服务 (customized service) 也叫定制服务，就是按照顾客特别是一般消费者的要求提供特定服务。

个性化服务包括有三个方面：服务时空的个性化，在人们希望的时间和希望的地点得到服务；服务方式的个性化，能根据个人爱好或特色来进行服务；服务内容的个性化，不再是千篇一律，千人一面，而是各取所需，各得其所。互联网可以在上述三个方面给用户提供个性化的服务。

2. 网上个性化的信息服务

目前网上提供的定制服务，一般是网站经营者根据受众在需求上存在的差异，将信息或服务化整为零或提供定时定量服务，让受众根据自己的喜好去选择和组配，从而使网站在为大多数受众服务的同时，变成能够一对一地满足受众特殊需求的市场营销工具。个性化服务，改变了信息服务"我提供什么，用户接受什么"的传统方式，变成了"用户需要什么，我提供什么"的个性化方式。

（三）网络促销策略策划

网络促销是指利用现代化的网络技术向虚拟市场传递有关产品和服务的信息，以启发需求，引起消费者的购买欲望和购买行为的各种活动。

1. 网络营销的促销形式

网络营销是在网上市场开展的促销活动，一般采用网络广告、销售促进、站点推广和关系营销。其中，网络广告和站点推广是网络营销促销的主要形式。网络广告类型很多，根据形式不同可以分为旗帜广告、电子邮件广告、电子杂志广告、新闻组广告、公告栏广告等。

站点推广就是利用网络营销策略扩大站点的知名度，吸引网上流量访问网站，起到宣传和推广企业以及企业产品的效果。销售促进就是企业利用可以直接销售的网络营销站点，采用一些销售促进方法如价格折扣、有奖销售、拍卖销售等方式，宣传和推广产品。

2.网络营销促销方案的实施

对于任何企业来说，如何实施网络促销都是一个新问题，每一个营销人员都必须摆正自己的位置，深入了解产品信息在网络上传播的特点，分析网络信息的接收对象，设定合理的网络促销目标，通过科学的实施程序，打开网络促销的新局面。

（1）确定网络促销对象。网络促销对象是针对可能在网络虚拟市场上产生购买行为的消费者群体提出来的。这一群体主要包括产品的使用者、产品购买的决策者、产品购买的影响者。

（2）设计网络促销内容。网络促销的最终目标是希望引起购买。这个最终目标是要通过设计具体的信息内容来实现的。消费者的购买过程是一个复杂的、多阶段的过程，促销内容应当根据购买者目前所处的购买决策过程的不同阶段和产品所处的生命周期的不同阶段来决定。

（3）决定网络促销组合方式。网络促销活动主要通过网络广告促销和网络站点促销两种促销方法展开。但由于企业的产品种类不同，销售对象不同，促销方法与产品种类和销售对象之间将会产生多种网络促销的组合方式。

企业应当根据网络广告促销和网络站点促销两种方法各自的特点和优势，根据自己产品的市场情况和顾客情况，扬长避短，合理组合，以达到最佳的促销效果。网络广告促销主要实施"推战略"，其主要功能是将企业的产品推向市场，获得广大消费者的认可。网络站点促销主要实施"拉战略"，其主要功能是将顾客牢牢地吸引过来，保持稳定的市场份额。

（4）制定网络促销预算方案。在网络促销实施过程中，使企业感到最困难的是预算方案的制定。在互联网上促销，对于任何人来说都是一个新问题。所有的价格、条件都需要在实践中不断学习、比较和体会，不断地总结经验。只有这样，才可能用有限的精力和有限的资金收到尽可能好的效果，做到事半功倍。

复习思考题

1.什么是网络营销策划？
2.网络营销策划的内容有哪些？

技能训练

网络广告策划

1.实训目的、要求

通过实训，使学生掌握一般营销广告策划的程序、方法、组织实施及方案设计

2.实训主要内容

（1）掌握一般广告策划方案的格式内容及要求

（2）广告策划的准备、广告的创意、广告的表现、广告的诉求主题，广告的媒体策略及计划，其他工具的配合

3. 实训准备

了解团队项目情况

4. 实训资料

某汽车专营店 2008 年初在北京成立，地处国际商务区，主要经营中高档轿车。为了实现轿车销售开门红，该商店通过路牌、橱窗、传单、旗帜、报纸等做了大量宣传工作。开业当天，彩旗飘扬，礼乐声声，宾朋满座，举行了隆重的开业典礼。尽管该商店在促销方面做出了较大努力，但由于轿车市场竞争十分激烈，第一个月的销售业绩很不理想。商店管理层分析认为，在信息化、网络化时代，仅仅依靠传统媒介宣传可能存在较大局限性，应当开通本商店的网站，并通过网络广告扩大宣传，进而促进销售。于是，商店经理把通过网络广告促进销售的任务交给了营销部经理小张，并要求在 2 个月内做出成效。

要求：假如你是小张，联系本汽车商店的实际情况，根据"网络广告发布方式"中的知识点，制定出该商店的网络广告计划。

5. 实训操作步骤

（1）阅读案例资料

（2）前言

（3）市场分析

（4）广告战略

（5）广告对象

（6）广告地区

（7）广告战术

（8）广告预算及分配

（9）广告效果预测

（10）附件

（11）全班进行分组讨论，以组为单位完成实训任务

6. 实训总结

要求每组学生完成 1500~2500 字的实训报告，老师批阅实训报告，并在下一次实训课上进行讲评和总结。

任务二　网络营销策划方案实施

任务分析

网络营销策划书是网络营销策划成果的文字形式，是未来企业网络营销操作的全部依据，有了一流的策划，还要形成一流的策划书，用它去指导企业的行动，否则，会影响策划实施的效果。

相关知识

一、网络营销策划书

网络营销策划书是网络营销策划方案的书面形式，是企业网络营销操作的全部依据。有了一流的策划，还必须有一流的策划书与之相匹配。如果优秀的策划不能通过一流的策划书得到反映，那么就会沦为二流或三流策划。

网络营销策划书是企业进行网络营销的依据，同时也是企业检查网络营销的手段。在企业网络营销进程中，可以随时用网络营销策划书与实际工作中的进程进行对比，从而可以检验实际工作中出现的问题。

二、网络营销策划书编制的原则

在撰写网络营销策划书时，为了提高准确性和科学性，应遵循以下几个主要原则：

1. 逻辑性原则

策划的目的在于解决企业网络营销中的问题，因而，网络营销策划书的构思和编制应当按照清晰的逻辑思路和条理来进行。首先交代策划背景，说明策划目的；其次详细阐述具体策划内容；最后明确提出解决问题的对策。

2. 简要性原则

策划书要简洁、朴实、针对性强，要注意突出重点，抓住企业网络营销中所要解决的核心问题，深入分析，提出切实的相应的对策。

3. 可操作原则

网络营销策划书是用于指导企业网络营销活动的，不能操作的方案创意再好，也无任何价值，不易于操作也必然会浪费大量的人力、物力、财力，从而降低经营管理的效率和效益。因此，网络营销策划书必须对网络营销的内容、资源配置、人员职责、部门协调、各个环节关系的处理、实施步骤等进行清楚的交代，使所有参与执行的人员明确如何行动并彼此合作。

4. 新颖性原则

新颖的创意是网络营销策划书的灵魂，因为差异性优势或特色优势的发挥，是企业在网络营销竞争中赢得顾客、战胜竞争对手的利器。策划书应在三个方面体现其新颖性：创意新、内容新、表现手法新。只有这样，网络营销策划才能给人以全新的感受。

任务实施

撰写网络营销策划书

一般来说，网络营销策划书的格式应包含以下几项内容。

1. 封面

封面的构成要素应该包括呈报对象、文件种类、网络营销策划名称及副标题、策划者姓名及简介、所属部门、呈报日期、编号及总页数。其中，网络营销策划名称要尽量简洁明了，但必须具体全面。如果标题不足以说明问题，还可以加上副标题。

2. 目录

除非策划书的页数很少，否则千万不要省略目录页的内容。因为，通过目录可以让读者对策划书有个概括的了解。在目录中具体应该有主标题、副标题、附件或资料及以上内容的页码。

3. 前言及策划摘要

在前言中应清楚地表述所阐述的重点问题，具体内容包括策划的目的及意义、策划书所展现的内容、希望达到的效果及相关内容、致谢等。摘要一般要阐明策划书所有内容的重点及核心构想或策划的独到之处，用词应简练，篇幅要短，让人容易把握策划书的整体内容。

4. 正文部分

正文部分即策划内容的详细说明。表现方式要简单明了，要充分考虑委托人的理解力和习惯。在这部分文字中，不仅局限于文字来表述，也可以适当地加入照片、图片、统计图表等。

策划书的正文要包括"5W1H1E"，即执行什么策划方案、谁执行策划方案、为什么执行策划方案、在何处执行策划方案、何时执行策划方案、如何执行策划方案以及要有看得见的结论和效果。这是策划书最主要的部分，包括：

（1）企业现状及网络营销环境状况分析，包括企业现状分析、消费者分析、网上竞争对手分析及宏观环境分析。

（2）网络营销市场机会与问题分析。对企业当前网络营销状况进行具体分析，找出企业网络营销中存在的具体问题，并分析其原因。针对企业产品的特点分析其上网营销的优、劣势。从问题中找劣势予以克服，从优势中找机会，发掘其市场潜力。

（3）网络营销目标。在网络营销目的任务的基础上企业网络营销所要实现的具体目标，即在网络营销策划方案执行期间，经济效益目标达到：总销售量为多少，预计毛利多少。

（4）网络营销策略。包括网站策略、产品策略、价格策略、渠道策略、促销策略等。

（5）具体行动方案。根据策划期内各时间段的特点，推出各项具体行动方案。行动方案要细致、周密，操作性强又具有灵活性，还要考虑费用支出。

（6）策划方案各项费用预算。这部分记载的是整个网络营销方案推进过程中的费用投入，包括网络营销过程的总费用、阶段费用、项目费用等，其原则是以较少投入获得最优效果。费用预算直接涉及企业资金支出情况，对网络营销方案的实施有很大影响，所以费用预算部分应当列得很详细，以便决策层对此有充分了解和准备。

（7）方案调整。在方案执行中可能出现与现实情况不相适应的地方，因此方案贯彻必须随时根据市场的反馈及时对方案进行调整。

（8）预期收益及风险评估。对方案何时产生收益、产生多少收益及方案有效收益期的长短等进行评估。另外，内外部环境的变化，不可避免地会给方案的执行带来一些风险。因此，应说明失败的概率有多少，造成的损失是否会危及企业的生存、是否有应变措施等。

小提示

企业网络营销策划要点

1.写作网络营销策划方案,务必注意步骤和细节的可行性,需明确以下几个点：（1）计划，以固定时间段为周期计划实施前期目标。（2）目标，打响网站品牌。（3）任务，根据需求,定制任务,例如提高网站的流量、培养客户的黏性策略,达成目标和任务,需要做的动作,如网站平台建设、资源整合、网站推广、市场开拓、团队机制建设。

2.企业网络营销策划书要点：5W2H定律。5个W是指：What——方案要解决的问题是什么？执行方案后要实现什么样的目标？为企业能创造多大的价值。Who——谁负责创意和编制？总执行者是谁？各个实施部分由谁负责？Where——针对产品推广的问题所在？执行营销方案时候要涉及什么地方？单位？Why——为什么要提出这样的策划方案？为什么要这样执行等？When——时间是怎么样安排的？营销方案执行过程具体花费多长时间？2个H是指：How——各系列活动如何操作？在操作过程中遇到的新问题如何及时解决处理？How much——在方案需要多少资金？多少人力？这犹如打仗，要做到精打细算。知己知彼，方能百战不殆。如果能读懂上面所说的，那么无论在什么情况下都能写出一份具有价值的网络营销策划书。

---

5. 参考资料

列出完成本策划方案的主要参考文献，以增强可信度。

6. 注意事项

列出保证策划方案顺利推行应具备的条件。

拓展知识

撰写网站规划书

一个网站的成功与否与建站前的网站规划有着极为重要的关系。在建立网站前应明确建设网站的目的，确定网站的功能，确定网站规模、投入费用，进行必要的市场分析等。只有详细的规划，才能避免在网站建设中出现很多问题，使网站建设能顺利进行。

网站规划是指在网站建设前对市场进行分析、确定网站的目的和功能，并根据需要对网站建设中的技术、内容、费用、测试、维护等做出规划。网站规划对网站建设起到计划和指导的作用，对网站的内容和维护起到定位作用。

网站规划书应该尽可能涵盖网站规划中的各个方面，网站规划书的写作要科学、认真、实事求是。

网站规划书包含的内容如下：

1. 建设网站前的市场分析

（1）相关行业的市场是怎样的，市场有什么样的特点，是否能够在互联网上开展公司业务。

（2）市场主要竞争者分析，竞争对手上网情况及其网站规划、功能作用。

（3）公司自身条件分析、公司概况、市场优势，可以利用网站提升哪些竞争力，建设网站的能力（费用、技术、人力等）。

2. 建设网站目的及功能定位

（1）为什么要建立网站，是为了宣传产品，进行电子商务，还是建立行业性网站？是企业的需要还是市场开拓的延伸？

（2）整合公司资源，确定网站功能。根据公司的需要和计划，确定网站的功能。常见的网站功能类型有产品宣传型、网上营销型、客户服务型、电子商务型等。

（3）根据网站功能，确定网站应达到的目的作用。

（4）企业内部网的建设情况和网站的可扩展性。

3. 网站技术解决方案

根据网站的功能确定网站技术解决方案。

（1）采用自建服务器，还是租用虚拟主机。

（2）选择操作系统，用 unix, Linux 还是 Window2000/NT 分析投入成本、功能、开发、稳定性和安全性等。

（3）采用系统性的解决方案（如：IBM, HP）等公司提供的企业上网方案、电子商务解决方案还是自己开发。

（4）网站安全性措施，防黑、防病毒方案。

（5）相关程序开发。如网页程序 ASP、JSP、CGI、coldfusion 和数据库程序等。

4. 网站内容规划

（1）根据网站的目的和功能规划网站内容，一般企业网站应包括：公司简介、产品介绍、服务内容、价格信息、联系方式、网上订单等基本内容。

（2）电子商务类网站要提供会员注册、详细的商品服务信息、信息搜索查询、订单确认、付款、个人信息保密措施、相关帮助等。

（3）如果网站栏目比较多，则考虑采用网站编程专人负责相关内容。注意：网站内容是网站吸引浏览者最重要的因素，无内容或不实用的信息不会吸引匆匆浏览的访客。可事先对人们希望阅读的信息进行调查，并在网站发布后调查人们对网站内容的满意度，以及时调整网站内容。

5. 网页设计

（1）网页设计美术设计要求，网页美术设计一般要与企业整体形象一致，要符合 CI 规范。要注意网页色彩、图片的应用及版面规划，保持网页的整体一致性。

（2）在新技术的采用上要考虑主要目标访问群体的分布地域、年龄阶层、网络速度、阅读习惯等。

（3）制定网页改版计划，如半年到一年时间进行较大规模改版等。

6. 网站维护

（1）服务器及相关软硬件的维护，对可能出现的问题进行评估，制定响应时间。

（2）数据库维护，有效地利用数据是网站维护的重要内容，因此数据库的维护要受到重视。

（3）内容的更新、调整等。

（4）制定相关网站维护的规定，将网站维护制度化、规范化。

7. 网站测试

网站发布前要进行细致周密的测试，以保证正常浏览和使用。主要测试内容：

（1）服务器稳定性、安全性。

（2）程序及数据库测试。

（3）网页兼容性测试，如浏览器、显示器。

（4）根据需要的其他测试。

8. 网站发布与推广

（1）网站测试后进行发布的公关、广告活动。

（2）搜索引擎登记等。

9. 网站建设日程表

各项规划任务的开始完成时间、负责人等。

10. 费用明细

各项事宜所需费用清单。

以上为网站规划书中应该体现的主要内容，根据不同的需求和建站目的，内容也会再增加或减少。

复习思考题

你认为什么样的网络营销策划方案是成功的策划方案？

网络营销创业计划方案

从以下备选项目中任选一项，或自拟课题，撰写一份网络营销创业计划方案。

1.××网络市场调研公司创业计划

2.××大学生服务网创业计划

3.××网上商店创业计划

4.校园二手交易网站创业计划

5.××团购网创业计划

6.搜索引擎优化公司创业计划

7.××网络广告公司创业计划

8.××交友网创业计划

要求：项目必须具有可行性、创新性和一定的盈利性，能够产生一定的经济效益，创业方案中必须对本项目的基本情况、可行性分析、实施计划、预算投入、市场前景、竞争状况、营销策略、预期收益、风险、相关站点的设计等内容进行必要阐述，字数控制在 3000 字左右。

总结与回顾

网络营销策划，是企业在特定的网络营销环境和条件下，为达到一定的营销目标而制定的综合性的、具体的网络营销策略及活动计划。网络营销策划活动不仅具备了营销策划的一般特点，而且还由于它依赖网络环境及技术，更具有虚拟创意、技术性强、动态性高、个性细分的特点。

进行网络营销策划，必须遵循以下基本原则：系统性原则；创新性原则；操作性原则；经济性原则。

进行网络营销要遵循以下步骤：明确组织任务和远景；确定组织的网络营销目标；对网络营销实施进行 SWOT 分析；网络营销定位；网络营销平台的设计；网络营销组合策略；网络营销策划的预算；形成网络营销策划书；方案实施，效果测评。

项目描述

　　网站作为企业网络营销的一个基本工具，在所有的营销工具中作用比较突出。目前很多企业的网站是用来运作网络营销的，但网站缺乏营销思想指导，并没有发挥应有的作用。

　　长春购够乐网络科技有限公司是吉林省内首家同城购物网站，首次在吉林省内引进了"网上购物、同城送货、货到付款"的先进交易理念。为了不断满足人民群众日益增长的物质需求和文化需求，通过市场调研，了解网民对网购的需求个性化、多样化；同时分析目前网站的营销思想，进而来规划网站以及优化网站内容来实现企业的营销目标。

学习目标

学习目标	知识目标	了解什么是营销型网站建设
		掌握企业营销型网站如何定位
		企业网络营销平台的构建方式
		熟悉企业网站的基本内容
		熟知第三方电子商务平台的概念、特点及功能
		掌握第三方电子商务平台的营销方式
	能力目标	能够对营销型网站进行总体规划
		能够对营销型网站进行简单的设计
		熟知营销型网站建设的流程
		能利用第三方电子商务平台建设企业商铺
	素质目标	具有分析、判断、应变、控制事件的基本素质
		具备一定的网站规划和设计能力
		具有一定的审美欣赏素质

技能知识

　　网络营销平台，企业营销型网站定位，第三方电子商务平台

艺品堂的网络营销

阿里巴巴十大网商之一艺品堂在阿里巴巴名气非常响,源于它很会使用阿里巴巴的平台。

艺品堂有三怪。艺品堂经营的产品是灯笼、扇子、对联、贺卡这类传统轻工艺品,但它的客户是世界 500 强中的麦当劳、肯德基、摩托罗拉等跨国公司,此一怪;艺品堂没有斜挎背包、到处兜生意的业务员,仅靠 4 台电脑完成每年几百万元的订单,此二怪;艺品堂做的是促销品,与竞争对手价格差别在毫厘之间,它没有自己的工厂,产品价格却能低过工厂,产品种类也多于工厂,此三怪。别人一怪也难,而艺品堂可以同时做到三怪,不得不令人刮目相看。

从很多网络媒体里都能看到对艺品堂现象的描述。原阿里巴巴轻工品论坛版主上海伟雅就对艺品堂有这样的评价:艺品堂的本事,是可以把复杂的事情正确去做,正确的事情简单去做,简单的事情重复去做。事实上艺品堂认为,网络销售看来很神秘,其实很简单。其中的一些环节根本没有捷径可言,只能是像小学生每天做功课一样,坚持坚持再坚持。他每天要做的事情包括这几件:

第一,注重每天在网上发布供求信息的数量、质量和速度,这是在网络竞争中取胜的首要任务。因此,他的业务员无须上门推销,而会将精力全部集中在几台电脑上,考核其每天发布的信息数量。艺品堂要求业务员要主动出击,经常跟踪发布的信息并更新,从而保证信息发布时排名相对靠前。同时,艺品堂会像老师检查学生功课一样,检查业务员写的产品参数(包括价格、规格、包装等)是否详尽,产品描述是否能吸引客户,产品图片是否清晰,大小是否符合在阿里巴巴发布的要求。由于产品的特色,艺品堂更加注重产品图片的质量,要求产品的图片需达到这样一种水准,即客户在没看到实物之前,仅从网页上看图片就能产生购买欲望。

第二,很注意填写合适的关键词。艺品堂认为,这件事情非常重要,重要到应该由他这个老板去把握。因为无论是阿里巴巴平台的搜索引擎,还是各大搜索引擎,它们的工作原理是一样的,就是不管你的信息多吸引人,搜索引擎只认关键词。因此,艺品堂会经常研究搜索引擎的规律和变化,也会经常关注网上同行市场,以更好掌握产品关键词和别称,从而达到更好的推广效果。艺品堂举了一个例子,由他在阿里巴巴网上发起成立的中国特色工艺品联盟,因为关键词选得好,结果联盟成立 20 天就被 Google、Yahoo、百度、新浪等在首页进行了展示,引来了全球各国客人。

2007 年 1 月 23 日,艺品堂在阿里巴巴论坛发表了《一天听、二天看、三天干、四天赚三万》的文章,在网络营销方法日新月异的时候,他从一个大家想不到的角度谈了他的阿里巴巴博客营销。

"离春节只有一个月了,我听说今年的金猪储钱罐热销市场,于是我就特意去搜索了一下有关这方面的信息,不查不知道,一查吓一跳,果然是条不错的发财信息,小金猪供不应求啦!于是我马上做图片和资料,在我博客上发了一篇《2007 金猪储钱罐、陶瓷金猪、金猪存钱罐报价表》,接着马上联系生产工厂,一下子找了五六家供应生产商,两天内报价资料及样品全部准备齐全。因为博客具有时效性而更具新闻性、具有媒体性而更具传播性的特点,两天后雅虎和 Google 都能用此产品的通用名'金猪储钱罐'关键词在首页找到我发表在阿里巴巴网商博客上的帖子，博客文章发出后虽然 10 天时间的阅读量也就只有 200 多个，但来的大多数是有此需求的准客户哟，已经有数十个询盘和五个确定订单，成交额十多万元。还有更多是因为工厂春节前赶不出货我们不能接单，如韩国的采购商就有两个要十万个福字小金猪的。"很多人有疑问，网络上信息如此丰富，获取也很方便，为什么像金猪这样的生意依然可以做？

艺品堂毫无保留，娓娓道来："主要是一般的生产商不谙网络营销之道，产品介绍写得不够吸引，图片做得也不引人注目。一样的产品，但让我来做网络销售，可能会比他们做得更好，比如关键词的选择。像我发在博客上的文章，几乎把这一产品的所有关键词都嵌在里面了，所以找到我的人就比找他们的人多得多。另一个是，我在阿里巴巴网站的诚信指数较高，客户基于安全考虑，很多客户情愿价高一点都会选我做生意。"

当被问及网络销售有诀窍吗？艺品堂回答，从本质上讲，传统销售和网络销售是一样的，勤劳、快捷、锲而不舍就是诀窍。一切以培养订单、完成订单为出发点，不要让客户找到不下单的借口。快人一步掌握供货资源，快人一步把信息发到网上，快人一步回复询盘，这些看似简单的做法，却会为你抢占商机。所以，艺品堂说，他很赞同一个说法，即信息社会并不完全是大鱼吃小鱼，而是快鱼吃慢鱼。动作快并能长期坚持，才会有每天接上百个业务电话，每天上百封邮件，贸易通最多时与十多人聊生意，单子一天一个有保障，忙的不亦乐乎，每天感觉很充实。现在，公司的生意 80% 来自阿里巴巴网站。

除了在阿里巴巴上推广自己的产品，艺品堂同时很注重依托自己的企业网站 www.eptang.com 来进行网络营销。在艺品堂的网站首页就能看到艺品堂的电话、传真等各种联系方式；他的邮箱是在 alibaba 的邮箱；他也在首页表明自己是阿里巴巴诚信通会员、支付宝会员的身份；他提供在线订单和留言板方便客户接洽。艺品堂的公司网站被包括阿里巴巴在内的多家大网站评为五星级网站和特色网站。企业网站是进行产品详细展示、凸显企业公司文化的地方，而阿里巴巴作为最知名的 B2B 网站可以帮助对艺品堂进行最有力的推广。二者很好的结合就可以带来更好的营销效果。

在网上交易这个流通环节做到一定程度的时候，艺品堂也想过做生产这个环节。2006 年他还一直在琢磨，如果自己掌握了生产和流通，那么赚得一定更多一些。不过在几次考察之后，他决定放弃这个念头。做生产需要大量的资金，而且要承担产品囤积的风险，远不如自己做流通这个环节自在。最后，根据自己这么多年的经验，艺品堂决定仍然专心做自己的网上生意，他相信凭自己对阿里巴巴平台及其他网络资源的熟练应用，自己还会有更大的发展空间。

思考问题：

1. 艺品堂网络营销成功的关键在哪里？

2. 你准备借鉴艺品堂的哪些做法？

任务一　企业营销型网站的建设

任务分析

　　网络媒体日新月异，营销平台整合迫在眉睫，只站在企业宣传角度设计的网站是不会引起客户兴趣的，而那些充分挖掘客户需求、以客户为中心、为客户带来更多附加值、注重客户体验的营销平台才能受到客户的信赖，才能真正成为吸引并留住客户的重要载体。针对"长春够购乐网络科技有限公司"目前的网站的情况，同学们以小组的形式对该网站进行规划。

相关知识

一、营销型网站建设的内涵

　　营销型网站建设，是指根据企业产品或者服务的市场定位，不单纯从美工与功能的角度，更注重的是从网络营销的角度来制作网站，使得企业网站的整体架构与搜索引擎的特点相符合，对搜索引擎更友好，让用户访问体验更人性化，有在线客服功能和客户管理功能，并有流量统计功能，评估网络营销效果，适时调整网络推广方法。

　　营销型网站建设的特点体现在以下几个方面。

1. 真正的网络营销为导向

　　营销为主、技术为辅的传统网站不营销，除了技术落后之外，更重要的是思想、理念落后。网站要想起到网络营销的作用，关键因素是是否站在营销的高度设计。

2. 真正以用户为中心的整体设计

　　潜在客户来到您的网站，如何把客户留住、如何使客户产生信赖感、如何刺激客户产生购买欲望、如何建立客户忠诚……其中的关键因素在于网站的客户体验，也就是网站是否以客户为中心，只有以客户为中心的网站，才能最终取得客户的青睐。

3. 真正面向搜索引擎优化的页面设计

　　一个营销型网站的一个最基本的特征就是一定要能够非常容易地让用户找到，一个潜在用户找不到的网站根本谈不上什么营销。

4. 真正关注网络品牌建设与推广

　　传统网站所能够起到的唯一作用也就是展示企业形象和产品，然而传统的企业网站都是技术人员构建，并不懂什么营销，所设计的网站仅仅是中看不中用，更谈不上网络品牌的建设和推广。

二、企业网络营销平台的构建方式

企业建设网络营销平台的方式有两种，一是自建营销型企业网站；二是在第三方电子商务平台中构建企业商铺。这两种方式都各有特点，企业应该根据自己的实际情况来选择不同的方式。

一般来说，中小企业可从利用第三方平台开始，而大中型企业适合选择以自建网站为主。目前，我国大型企业大都采取了自建网站的方式，且网站功能非常丰富，并能和企业的内部信息管理系统对接；而中小企业一般采取自建网站和利用第三方平台相结合的方式，但自建网站功能相对简单。

三、企业营销型网站定位

企业网站的定位是网站规划中最基本、最主要的工作，它关系到网站内容规划，网站建设解决方案的选择以及网站运行过程中能否实现企业营销目标等一系列问题。网站定位可以从网站目标、网站类型及核心业务、网站功能等方面进行。

（一）网站目标定位

企业建立自己的网站，其根本目的就是适应电子商务的发展，抢占网络商机，提升企业形象，加强客户服务，降低营销成本，提高企业效益，获得竞争优势。当然不同企业由于产品、规模、技术、服务以及企业资源上的差异，网站建设的目标各有所侧重。有的是为了信息发布，有的是为了实行网上交易，有的是为了商务管理，有的是多种目的的综合。网站定位可以从以下几个方面考虑。

1. 目标定位必须有明确的依据

目标定位受影响的因素很多，主要有市场容量与发展潜力、个人或企业在此领域中的经验与资源、国家或地方政策倾斜等。网页设计师必须懂得"市场调查"的重要性，要花费一定的时间和精力去实际市场做切实的调研和验证。切忌在未做足市场调研工作前，仅凭个人直觉或外界影响来仓促决策。

2. 目标定位必须了解哪些资源可被利用

资源是站点的"核心竞争力"，其包括目前已经有的资源以及可开发的潜在资源。必须明确各类资源的有效期，让每一份资源在网站发展的特定阶段都能被有效利用起来。网站前期经营时人才资源和资金资源最为关键，然而这些资源却不能永远支撑网站运作。盈利才是治标又治本的方法，把资源转化成资金，再让资金产生更多的可利用资源，如此循环。

3. 目标定位在规模上要具有可扩展性

对于规模定位必须抓住务实这个关键，建站初期必须依据一些具体指标（地域特点、类型特点、层次特点等），确定适合自己网站的规模定位。随着站点规模的扩大，网页设计师必须适时进行调整来对原有定位概念进行扩展。

4. 目标定位必须了解目标人群的特征

"顾客是上帝"，必须尽量让目标群体呈现稳定上升的趋势。否则，随着目标人群的缩减，站点的影响力也会随之缩减。受众群体的年龄、学历和行为特征，在互联网中的现有市场规模及发展趋势，这些都可能影响到网站目标定位的最后结果以及网站运营的成败。

（二）网站类型及核心业务定位

根据网站目标，可以确定网站的类型、网站承担的核心业务。以此来确定网站应具有的主要栏目、功能以及网站的规模。

1. 信息型企业网站

信息型属于初级形态的企业网站，是将网站作为一种信息载体，主要功能定位于企业信息发布，包括公司新闻、产品信息、采购信息等用户、销售商和供应商所关心的内容，品牌推广、业务介绍和客户沟通是这类网站的主要功能，但网站并不具备完善的网上订单处理功能。这种类型的网站虽然不能直接实现网上销售的功能，但网站的品牌推广功能有利于企业产品和业务的网上推广。

现在很多中小企业多采取网上宣传、网下销售的方式，同时对于一些不适合采用网上直接销售的大企业来说，信息型网站也是它们的主要选择。信息型企业网站由于建设和维护比较简单，资金投入也很少，又能解决企业上网的需要，因此，是中小企业网站的主流形式。即使对于一些大型网站，在企业电子化进程中也并非都一步到位，在真正开展电子商务之前，网站的内容通常也是以信息发布为主。因此，这类网站有广泛的代表性。

2. 服务型企业网站

服务型网站是指企业通过网站为客户提供业务进度查询、产品技术支持等服务的网站。如快递公司可以让客户在网站中查询快递业务的进展情况，而通信公司的网站可以实现客户的基本业务办理、话费查询等功能。会员管理、业务信息查询、产品技术支持、售后服务是服务型网站的主要功能。服务型网站对于传统的服务型企业来说是最佳的选择，网站的服务型功能可以提高企业的服务质量。

3. 销售型企业网站

在发布企业产品信息的基础上，增加网上接受订单和支付的功能，网站就具备了网上销售的条件。购物车管理、订单处理、在线支付处理是这类网站的主要功能。这类网站不仅具备订单提交的前台设计，还有复杂的后台订单处理功能模块。网上直销型企业网站的价值在于企业基于网站直接面向用户提供产品销售或服务，改变传统的分销渠道，减少中间流通环节，从而降低总成本，增强竞争力。通常适用于消费类产品或办公用品等，网上直销是企业开展电子商务的一种方式，但并不是每个企业都可以做到这一点，也不一定适合所有类型的企业。

4. 综合型电子商务网站

网上直销是企业销售方式的电子化，但还远不是企业电子商务的全部内容。企业网站的高级形态，不仅将企业信息发布到互联网上，也不仅是用来销售公司的产品，而是集成了包括供应链管理在内的整个企业流程一体化的信息处理系统。综合型电子商务网站是企业内部信息化和外部信息化的无缝连接，是企业网站的最高形态，可以实现企业网络营销的所有功能。海尔集团网站（http://www.haier.com）是这类网站的典型代表。

（三）网站功能定位

建立一个企业网站，不是为了赶时髦或者标榜自己的实力，重要的是在于让网站真正发挥作用，使其成为有效的网站营销工具和网上销售渠道。一个成功的网站需要市场、销售、公关、客户服务等相关部门人员协同专业技术人员共同完成。企业网站的营销功能主要表现在八个方面：企业形象、产品／服务展示、信息发布、客户服务、客户关系、网上调查、网上联盟和网上销售。

1. 企业形象

企业网站的形象代表着企业的网上品牌形象，人们通过访问企业网站对该企业的各个方面有一个大致的了解。通过网站，企业可以在互联网上展示企业的实力，宣传企业的产品和服务等各方面的信息。

2. 产品／服务展示

客户访问企业网站的主要目的是为了对公司的产品和服务进行深入的了解，企业网站的主要价值也就在于灵活地向客户展示产品说明及图片，甚至多媒体信息。

3. 信息发布

网站是一个信息载体，在法律许可的范围内，可以发布一切有利于企业形象、产品信息、客户服务以及促进销售的企业新闻、各种促销信息、招标信息和合作信息等。现在一般企业网站多采用后台信息发布的方式，企业网站上的多数信息都可以通过信息发布功能来实现。

4. 客户服务

通过企业网站可以为客户提供各种在线服务和帮助信息，比如大部分企业网站都建立了常见问题解答系统（FAQ），有的还有邮件列表、BBS等，向客户提供形式多样的网上服务。

5. 客户关系

有些企业网站通过网络社区来吸引客户参与，将客户组织起来，成立一个"虚拟"社区，客户可以通过网络社区这种沟通方式分享彼此收集的信息，进行社交活动。现在，有许多企业网站还在网上建立了客户关系管理系统，不仅开展客户服务，同时也有助于增进客户关系。

6. 网上调查

通过使用企业网站上的在线调查表或者电子邮件等方式，用于产品调查、消费者行为调查、品牌形象调查等，获得用户的反馈信息，完成网上市场调查。

7. 网上联盟

为了获得更好的网上推广效果，需要供应商、经销商、客户网站以及其他内容互补或相关的企业建立网上合作关系。

8. 网上销售

增加销售是建立企业网站及开展网络营销活动的目的之一。一个功能完善的企业网站本身就可以完成订单确认、网上支付等电子商务功能，即企业网站本身就是一个销售渠道。

四、企业网站的基本内容

由于大多数传统企业离开展电子商务还很远，信息发布型的网站仍然是企业网站的主流形式，因此，对这类网站的内容进行较为详细的介绍。下面，归纳出一个信息发布型企业网站应该包括的主要信息，供一些企业在规划自己的网站时参考。

（1）公司概况。包括公司背景、发展历史、主要业绩及组织结构等，让访问者对公司的情况有一个概括的了解，作为在网络上推广公司的第一步，亦可能是非常重要的一步。

（2）产品目录。提供公司产品和服务的目录，方便顾客在网上查看。并根据需要决定资料的详简程度，或者配以图片、视频和音频资料。但在公布有关技术资料时应注意保密，避免为竞争对手利用，造成不必要的损失。

（3）荣誉证书和专家／用户推荐。作为一些辅助内容，这些资料可以增强用户对公司产品的信心，其中第三者做出的产品评价、权威机构的鉴定，或专家的意见，更有说服力。

（4）公司动态和媒体报道。通过公司动态可以让用户了解公司的发展动向，加深对公司的印象，从而达到展示企业实力和形象的目的。因此，如果有媒体对公司进行了报道，别忘记及时转载到网站上。

（5）产品搜索。如果公司产品种类比较多，无法在简单的目录中全部列出，那么，为了让用户能够方便地找到所需要的产品，除了设计详细的分级目录之外，增加一个搜索功能不失为有效的措施。

（6）产品价格表。用户浏览网站的部分目的是希望了解产品的价格信息，对于一些通用产品及可以定价的产品，应该留下产品价格，对于一些不方便报价或价格波动较大的产品，也应尽可能为用户了解相关信息提供方便，比如设计一个标准格式的询价表单，用户只要填写简单的联系信息，点击"提交"就可以了。

（7）网上订购。即使没有像 DELL 那样方便的网上直销功能和配套服务，针对相关产品为用户设计一个简单的网上订购程序仍然是必要的，因为很多用户喜欢提交表单而不是发电子邮件。当然，这种网上订购功能和电子商务的直接购买有本质的区别，只是用户通过一个在线表单提交给网站管理员，最后的确认、付款、发货等仍然需要通过网下来完成。

（8）销售网络。实践证明，用户直接在网站订货的不一定多，但网上查看网下购买的现象比较普遍，尤其是价格比较贵重或销售渠道比较少的商品，用户通常喜欢通过网络获取足够信息后在本地的实体商场购买。应充分发挥企业网站的这种作用，因此，尽可能详尽地告诉用户在什么地方可以买到他所需要的产品。

（9）售后服务。有关质量保证条款、售后服务措施以及各地售后服务的联系方式等都是用户比较关心的信息，而且，是否可以在本地获得售后服务往往是影响用户购买决策的重要因素，应该尽可能详细。

（10）联系信息。网站上应该提供足够详尽的联系信息，除了公司的地址、电话、传真、邮政编码、网管 E-mail 地址等基本信息之外，最好能详细地列出客户或者业务伙伴可能需要联系的具体部门的联系方式。对于有分支机构的企业，同时还应当有各地分支机构的联系方式，在为用户提供方便的同时，也起到了对各地业务的支持作用。

（11）辅助信息。有时由于一个企业产品品种比较少，网页内容显得有些单调，可以通过增加一些辅助信息来弥补这种不足。辅助信息的内容比较广泛，可以是本公司、合作伙伴、经销商或用户的一些相关新闻、趣事，或者产品的保养、维修常识，产品发展趋势等。

五、企业网站建设的一般原则

无论是建设一个向合作伙伴或者供应商提供产品和服务的商业网站，或者是一个销售产品或为消费者提供服务的零售网站，还是建立一个发布新闻和其他多媒体信息的传媒和娱乐网站，作为一个成功的企业网站，下面是企业网站设计中必须遵循的几点原则。

1. 明确网站设计目标与用户需求

企业网站是展现企业形象、介绍产品和服务、体现企业发展战略的重要途径，因此必须明确设计该站点的目标和用户需求，从而做出切实可行的设计计划。要根据消费者的需求、市场的状况、企业自身的情况等进行综合分析，牢记以"消费者"为中心进行设计规划。在设计规划之初还要同时考虑，建设网站的目的是什么？为谁提供服务和产品？企业能提供什么样的产品和服务？网站的目标消费者和受众的特点是什么等。企业或机构必须清楚地了解本网站的受众群体的基本情况，如受教育程度、收入水平、需要信息的范围及深度等，从而做到有的放矢。

2. 总体设计方案主题鲜明

明确网站设计目标后，应对网站的构思创意即总体设计方案做出定位，对网站的组织结构进行规划。企业网站应针对所服务对象（机构或人）的不同而采用不同的形式。有些站点可以只提供简洁的文本信息，有些则需采用多媒体表现手法，提供华丽的图像、闪烁的灯光、复杂的页面布置，甚至可以播放声音和录像片段。

优秀的网站要做到主题鲜明突出、要点明确，以简单明确的语言和画面体现站点的主题。所以，要调动一切手段充分表现网站的个性和情趣，办出网站的特色。一般网站主页应具备的基本成分包括以下几个部分。

①页头：准确无误地标识站点和企业标志。

② E-mail 地址：用来接收用户垂询。

③联系信息：如普通邮件地址或电话。

④版权信息：声明版权所有者等。

注意重复利用已有信息，如客户手册、公共关系文档、技术手册和数据库等都可以轻而易举地用到企业的网站中。

3. 网页形式与内容统一

要将丰富的意义和多样的形式组织成统一的页面结构，形式语言必须符合页面的内容体现内容的丰富含义。

运用对比与调和、对称与平衡、节奏与韵律以及留白等手段，利用空间、文字、图形之间的相互关系建立起整体的均衡状态，产生和谐的美感。例如，对称原则的运用在页面设计时有可能会使页面显得呆板，但如果加入一些富有动感的文字、图案，或采用夸张的手法来表现内容往往会达到更好的效果。

点、线、面是视觉语言中的基本元素，要使用点、线、面的互相穿插、互相衬托、互相补充才能构成最佳的页面效果。网页设计中点、线、面的运用并不是孤立的，很多时候都需要将它们结合起来以表达完美的设计意境。

4. 网站结构设计清晰

网站结构设计要以清晰、导向清楚及便于使用为原则进行设计。如果人们看不懂或不能在网站上前进或后退，那么浏览者如何了解企业和服务呢？如果使用一些醒目的标题或文字来突出产品与服务，并且在导航设计中使用超文本链接或图片链接，那么就不会让他们只能使用浏览器上的前进或后退功能。即使你拥有最棒的产品，如果客户不清楚网站在介绍什么或不清楚网站如何受益，那么他们就不会喜欢你的网站。

5. 访问速度保证快

网站要保证快速的访问速度。大多数浏览者不会进入需要等待 5 分钟才能进入的网站，在互联网上等待 60 秒与我们平常等待 30 分钟的感觉相同。因此，设计网站应该尽量避免使用过多的图片及体积过大的图片。设计网站时通常要与客户协调，将主要页面的容量控制在 50KB 以内，平均 30KB 左右，以确保普通浏览者等待页面的时间不超过 10 秒钟。

6. 合理应用多媒体技术

网络资源的优势之一是多媒体功能。为了吸引浏览者的注意力，页面的内容可以用三维动画、Flash 等来表现。但要注意，由于网络带宽的限制，在使用多媒体形式来表现网页内容时应考虑客户端的传输速度。

7. 及时更新网站信息

企业网站建立后，要不断更新内容。站点信息的不断更新会让浏览者了解企业的最新发展动态和网上服务等，同时也会帮助企业建立良好的形象。

8. 网站信息的交互能力

在企业的网站上，要认真回复用户的电子邮件并保证及时回复，传统联系方式如信件、电话垂询和传真，做到有问必答。最好将用户的用意进行分类，如售前一般了解、售后服务等，由相关部门处理，使网站访问者感受到企业的真实存在并由此产生信任感。

任务实施

企业营销型网站建设

第一步，确定网站主题

企业建设网站，首先必须要确定的就是网站内容问题，即确定网站的主题。对于内容主题的选择，要做到小而精，主题定位要小，内容要精。不要去试图制作一个包罗万象的站点，这往往会失去网站的特色，也会带来高强度的劳动，给网站的及时更新带来困难。

第二步，做好网站内容规划

网站内容的规划说来简单，但实际操作却是一个复杂的综合工程。网站内容的策划和规划往往牵涉到以下几方面等内容。

一、域名的申请

域名犹如企业在网络上的一个品牌标识和门牌号码，有了名称，客户才能在网络上找到企业，因而有着巨大的商业价值。

（一）选择域名申请机构

我国的域名管理结构是 CNNIC，但是为了方便域名的申请和使用，CNNIC把域名管理权分发给了很多代理机构。因而，各大企业使用域名多是向地方代理机构申请的，例如，全国比较有名的域名代理机构包括万网、新网。

（二)查询域名注册与否，进行申请

注册域名如同注册商标一样，要使用域名首先要查询是否被占用，可以在任意一家域名代理公司进行查询。比如万成物流公司要注册域名就可以向万网申请，打开万网网站域名服务页面。

1. 输入要申请的域名查询（图 5-1）

图 5-1　输入要申请的域名

2. 单击查询，结果页面显示了申请的域名是否可以使用（图 5-2）

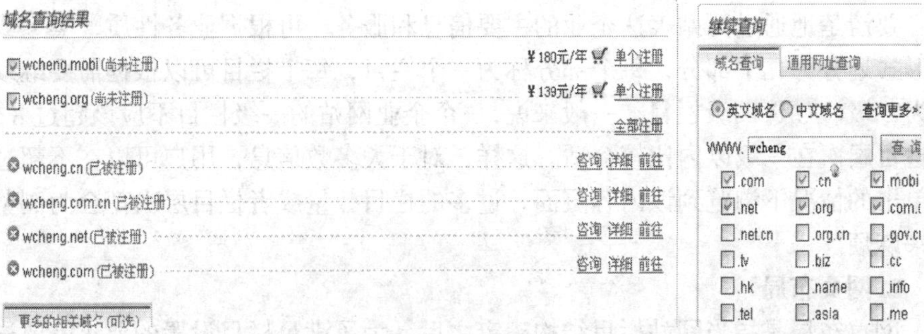

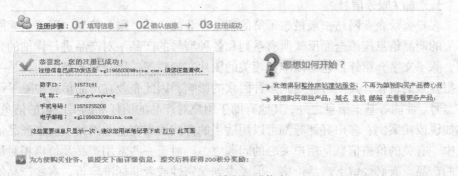

图 5-2　查询申请域名是否可用

3. 单击可以注册的域名申请，填写相关信息（图 5-3）

做此项操作时要留意域名的注册年限及域名管理密码及相应的域名，这涉及今后域名的 DNS 解析及 URL 转发问题，同时也要准确地填写所有人资料，以方便以后备案和管理。

图 5-3　填写相关信息

4. 支付域名费用，进行域名管理

填写完毕后，单击确定后，网上支付费用，完成域名注册。进入管理中心，可以对该域名进行管理，如修改注册信息，DNS解析管理等。

二、企业网站内容的设计

（一）设置网站结构

一个企业网站的结构就犹如一个城市的交通，清晰有序的交通指示便于市民快捷地找到目的地，同样一个结构明晰的企业网站也便于用户及时地发现目标信息。为了合理引导用户查看相应的信息，就要从网站的栏目设置、网页布局、信息的表现形式等方面设计好网站结构。网站结构属于网站策划过程中需要确定的问题，是企业网站建设的基本指导方针。只有确定了网站结构，才能开始技术开发和网页设计等工作。

1. 网站栏目（菜单）结构

要清楚地通过网站表达企业的主要信息和服务，可根据业务性质、类型或表现形式划分为几个部分，每个部分称为一个栏目，每个栏目可以根据需要继续划分为二级、三级、四级栏目。一般来说，一个企业网站的一级栏目不应该超过8个，而栏目层次在三级以内比较合适。这样，对于大多数信息，用户可以在不超过三次单击的情况下浏览到该内容页面，过多的栏目数量或者栏目层次都会为浏览者带来麻烦。

2. 网页布局

网页布局是指当网站栏目结构确定之后，为了满足栏目设置的要求需要进行的网页模板规划。网页布局主要包括：网页结构定位方式、网页信息的排放位置等。

（二）设置企业网站的内容

客户登录企业网站就是想在上面找到能够满足自己需要的内容，从而给自己带来价值，因此企业网站上安排哪些内容，应该站立在企业客户的角度考虑。但由于企业规模大小、发展阶段不同，因而网站营销侧重点不同，在此介绍一下一般企业营销型网站的内容。

1. 产品/服务信息

客户登录企业网站一般最想了解的就是企业的产品/服务信息，因此企业网站上的产品信息应该全面反映所有系列和各种型号的产品；对产品进行详细的介绍，除了文字介绍外，还可以准备相关的图片、视频等。用户对产品的购买是一个很复杂的过程，其中可能受到多种因素的影响，因此企业在产品信息中除了产品型号、性能等基本信息之外，其他有助于用户对产品的信任和购买决策的信息，比如说成功案例、客户好评等都可以用适当的方式发布在企业网站上。在产品信息中，有关的价格信息是用户关心的问题之一。对于一些常用产品及价格相对稳定的产品，有必要留下产品价格。但考虑到保密性或者非标准定价，有些产品的

价格无法在网上公开，也应尽可能为用户了解产品的相关信息提供方便。

2. 公司信息

公司信息是为了让公司网站新的访问者对公司有进一步的了解，公司能否获得潜在用户的信任，在很大程度上取决于基本信息。在公司信息中，如果内容比较丰富，就可以进一步分解为若干子栏目，如公司发展历程、公司组织结构、优秀员工介绍等。考虑到公司概况和联系方式等基本信息的重要性，有时也将这些内容以公共栏目的形式作为独立菜单出现在每个网页下方。

3. 销售信息

用户对产品和企业有了一定的了解，并且产生了购买动机，在网站上应为用户购买提供支持，以便促成销售（无论是网上还是网下销售）。在决定购买产品之后，用户需要进一步了解相关购买信息，如最方便的网下销售地点、网上订购方式、售后服务方式等。当然如果能够给客户提供网上订购、支付、物流支持是最便捷的了。

4. 促销信息

当网站有了一定的访问量时，企业网站本身便具有广告价值，因此，可以在自己的网站上发布促销信息。网站的促销活动通常与线下进行结合，网站可以作为一定的补充，供用户了解促销活动规则、参与报名等。

5. 其他信息

根据企业的需要，可以在网站上发表其他有关的信息。在进行企业信息的选择和发布时，应该掌握一些原则：有价值的信息应该尽量丰富、完整、及时；不必要的信息和服务要力求避免。另外，在公布有关技术资料时应该注意保密，避免被对手利用，造成损失。

当然关于信息的提供因"公司"而异，不同的企业、在不同的阶段侧重点不同，因此网站突出的信息也应该有所差异。销售型公司、发展中的公司应该更为突出的是促销、销售信息从而扩大销售，增强生存能力；而生产型、服务型公司或具备一定规模的公司应该更强调的是公司信息、产品服务信息从而突出网络品牌形象。

（三）设置网站的服务

网站的服务是网站的基本要素之一，如果一个网站只有简单的公司简介和产品介绍，不仅会显得枯燥乏味，通常也无法满足客户的要求，因此有必要根据产品特点和客户的需求特征提供相应的服务内容。网站服务的内容和形式很多，常见如下。

1. 产品选购和保养知识

对于生产商和销售商来说，用户的产品知识是比较欠缺的，利用网站为用户提供更多的产品知识是市场培育的有效方法之一。

2. 产品说明书

除了随产品送说明书之外，在网上发布详细的产品说明对用户了解产品具有深远的意义。

3. 常见问题解答

把用户在使用网站服务、了解和选购产品过程中可能遇到的问题整理成一个列表，并根据用户提出的新问题不断增加和完善，这样不仅方便了用户，也节省了企业的顾客服务率和服务成本。

4. 在线问题咨询

如果用户的问题比较特殊，需要专门给予回答，开设这种服务是有必要的，这样不仅解决了顾客的问题，也可以从中了解到一些顾客对产品的看法。

5. 即时信息服务

在条件具备的情况下，利用即时信息开展实时顾客服务更容易获得用户的欢迎。

6. 会员通信

定期向注册用户发送有价值的信息是维护顾客关系和服务顾客的有效手段之一。

7. 会员社区服务

为用户提供了发表自己观点、与其他用户相互交流的空间。

（四）设置企业网站的功能

企业网站的网络营销功能是通过网站的技术功能得以实现的，企业网站可分为前台和后台两个部分，前台的功能是后台功能的对外表现，通过后台来实现对前台信息和功能的管理。因为网站功能不仅涉及网站前台所能为客户提供的内容和服务，同时还将关系到企业对网站的长期维护及对客户的管理的效果，因此网站的技术功能在网站策划阶段就要确定。

一个企业网站需要哪些功能主要取决于网络营销策略、网站维护管理能力等因素。常见的网站技术功能包括：信息发布、产品管理、会员管理、订单管理、邮件列表、论坛管理、在线帮助、站内检索、广告管理、在线调查、流量统计等。

第三步，规划网站的风格

1. 首页设计技巧

网站首页是企业网上的虚拟门面，在此，提醒上网的企业注意自己门面的设计，决不能敷衍了事、马马虎虎。精良和专业网站的设计，会大大刺激消费者的购买欲望，反之，您公司所提供的产品或服务将不会给消费者留下较好的印象。值得一提的是，除非您的企业有专业的网站规划、设计人员，否则您最好找专业公司或专业人员为您设计制作，一个优秀的专业设计人员会很快明白您的意图，并根据您的建站目的提出建设性的意见。

2. 网页设计风格保持一致

如何保持网站风格的一致，是进行内页设计过程中要考虑的重要方面，要保持页面的一致，应该考虑保持结构的一致性；色彩的一致性；利用导航取得统一；特别元素的一致性，利用图像取得统一，利用背景取得统一。

3. 色彩搭配

网页中最难处理的也就是色彩搭配的问题了。如果企业的网站运用相同色系具有一致性，不仅会使网站看起来美观，更能让浏览者不易内容混淆，给人们一种简洁感和清晰感。

4. 版面布局

在版面布局中主要是考虑导航、必要信息与正文之间的布局关系。比较多的情况是采用顶部放置必要的信息，如公司名称、标志、广告条以及导航条，或将导航条放 在左侧而右侧是正文等，这样的布局结构清晰、易于使用。当然，您也可以尝试这些布局的变化形式，如：左右两栏式布局，一半是正文，另一半是形象的图片、导航；或正文不等两栏式布置，通过背景色区分，分别放置图片和文字等。在设计中注意多吸取好的网站设计的精髓。

第四步，网站测试和发布

在网站设计完成之后，应该进行一系列的测试，当一切测试正常之后，才能正式发布。主要测试内容包括：

（1）网站服务器稳定性、安全性；

（2）各种插件、数据库、图像、链接等是否工作正常；

（3）在不同接入速率情况下的网页下载速度；

（4）网页对不同浏览器的兼容性；

（5）网页在不同显示器和不同显示模式下的表现等。

第五步，网站推广

网站推广活动一般发生在网站正式发布之后，当然也不排除一些网站在筹备期间就开始宣传的可能。网站推广是网络营销的主要内容，可以说，大部分的网络营销活动都是为了网站推广的需要，例如，发布新闻、搜索引擎登记、交换链接、网络广告等。

因此，在网站规划阶段就应该对将来的推广活动有明确的认识和计划，而不是等网站建成之后才考虑采取什么样的推广手段。由此也可以看出，网站规划并不仅仅是为了网站建设的需要，而是整个网络营销活动的需要。

第六步，网站维护

网站发布之后，还要定期进行维护，主要包括下列几个方面：

（1）服务器及相关软硬件的维护，对可能出现的问题进行评估，制定响应时间；

（2）网站内容的更新、调整等，将网站维护制度化、规范化。

第七步，网站财务预算

除了上述各种技术解决方案、内容、功能、推广、测试等内容应该在网站规划书中详细说明之外，网站建设和推广的财务预算也是重要内容，网站建设和推广在很大程度上受到财务预算的制约，所有的规划都只能在财务许可的范围之内。财务预算应按照网站的开发周期，包含网站所有的费用明细清单。

以上介绍的网站规划内容并非标准模板，事实上，对于不同的网站，网站规划的内容可能有很大差别，应根据具体情况分析、规划自己的网站。

拓展知识

大型企业网站的十大问题

➢ 企业网站总体策划目的不明确，缺乏网络营销思想指导。

➢ 企业网站栏目规划不合理、导航系统不完善。

➢ 企业网站信息量小，重要信息不完整。

➢ 企业网站促销意识不够明确。

➢ 企业网站服务尤其是在线服务比较欠缺。

➢ 企业网站对销售和售后服务的支持作用未得到合理发挥。

➢ 企业网站在网络营销资源积累方面缺乏基本支持。

➢ 企业网站过于追求美术效果，美观有余而实用不足。

➢ 企业网站优化思想没有得到起码的体现。

➢ 企业网站访问量小，缺乏必要的推广。

复习思考题

1. 什么是营销型网站建设？

2. 企业网站的基本内容。

3. 企业营销型网站定位。

技能训练

不同类型企业网站风格

不同业务类型公司在网站设计风格上各不相同，如化工、电子、机械类产品的生产型公司，网站风格多采用简单的、线条明快的设计；化妆品、服饰类产品的销售公司则风格亮丽，多采用图片修饰；房地产销售公司则多使用整体的图片设计，内容设计上也讲究艺术。搜索几家不同类型的公司，分析它们在网站风格设计上的差异。

任务二　第三方电子商务平台建设

任务分析

　　我国的中小企业具备数量大、行业广、历史短和相对离散独立等特点，这些特点促进了中小企业对以信息技术为手段的电子商务的渴求，从而催生了我国特有的服务于中小企业的一大批第三方电子商务交易与服务平台，总的来看这些第三方平台整体上功能大致相同，但为了区别于他人又在细节功能上各有特色，这种百花齐放，百家争鸣的场景着实让我们的中小企业挑花了眼，所以中小企业只能做到知己知彼方可给自己一个准确的定位。

相关知识

一、第三方电子商务平台概述

　　第三方电子商务平台是指提供电子商务服务的网络平台供应商，为多个买方和多个卖方提供信息和交易等服务。服务内容可以包括但不限于供求信息发布与搜索、交易的确立、支付、物流。

　　目前在全球比较知名的第三方电子商务平台有阿里巴巴、Amazon、环球资源等。其特性包括：保持中立立场以得到参与者的信任，集成买方需求信息和卖方供应信息，撮合买卖双方，支持交易以便利市场操作；买卖双方在第三方平台上发布买卖信息，能够很好地利用第三方平台的规模效益。

　　买卖双方成为第三方电子商务平台的会员后，就可以在这个平台拥有自己的网页，并按照平台预先设定的标准网页格式发布自己的公司、产品及供求信息。第三方电子商务平台以其较强的市场推广力度、相对庞大的信息量服务于制造业、流通渠道和零售终端，为生产企业和潜在买家搭建起高效的信息交流平台，获得很多企业的青睐。

　　因此，选用第三方电子商务平台是买卖双方应用电子商务的一种不错的选择。第三方电子商务平台是以客户为中心的开放式中立商务平台，是一种有盈利潜力的电子商务模式。这个解决方案对买方和卖方都有益处，主要表现在以下几个方面：

　　第一，使交易双方不需要直接连接对方网络，而只需要访问第三方界面，节省了大量费用。

　　第二，大量卖方通过第三方平台发布信息，可以吸引更多的买方访问平台，从而增加卖方的商业机会。

　　第三，买方可以自由搜寻自己需要的产品和服务，而不限于和特定的卖方交易，这使卖方不只在价格上，还要在质量、交货时间、定制化生产等方面展开竞争，从而促使整个网络商业环境的更良性循环。

第四，中小企业与单独的买方或卖方一般没有大的交易量，因此，相比买方系统或卖方系统，这样的市场解决方案对于中小企业更实用，为中小企业应用电子商务提供了有力的支持。

二、第三方电子商务平台的特点

目前利用第三方 B2B 电子商务平台开展网络营销已经成为目前网络营销的主要模式，艾瑞咨询预计中小企业中使用第三方交易平台的数量将逐渐增加，在 2012 年使用第三方 B2B 电子商务平台企业总数将突破 4100 万家。

为什么第三方 B2B 电子商务平台得到了广大企业的认可呢？主要原因在于第三方 B2B 电子商务平台天生的优势。

1. 第三方 B2B 电子商务平台网络营销成本低

相对于大多数企业通过自己的网站、搜索引擎开展网络营销而言，通过 B2B 第三方平台交易最为明显的特点就是成本相对较低。企业网站建设、网站维护、搜索引擎营销动辄一年费用就要几万，而通过第三方 B2B 平台费用才要千余元，且应用简洁。如慧聪买卖通会员费用为 2580 元，阿里巴巴中文站会员年费为 2800 元。

2. 第三方 B2B 电子商务平台针对性强、人流量大、信息量大

通过 B2B 第三方平台交易最为突出的特点就是针对性强、人流量大，交易信息充分、营销效果明显。第三方交易平台，它拥有大量已经注册的买卖意向会员以及这些会员发布的买卖交易信息，就因为这些，第三方 B2B 电子商务平台蕴藏了无限的商机。例如，阿里巴巴拥有每天 5500 万的客户流量、1800 万注册用户、1100 多万买家等特征，能够帮助企业更好地在网上宣传企业和推广产品，促成交易。

3. 第三方 B2B 电子商务平台解决了交易双方的身份认证问题，使交易更加安全

网络交易本身的特点就是虚拟性，然而正是由于这种虚拟性使买卖双方在交易过程中容易产生不信任，制约了网上交易的进行。而第三方 B2B 电子商务平台都会对会员企业进行身份认证，这样便使得双方在交易的时候消除了一定安全顾虑，为快速达成交易奠定了基础。比如要想成为慧聪网的正式会员、阿里诚信通会员必须经过第三方独立认证机构的核实方可入住。

4. 第三方 B2B 电子商务平台极具生态性的附加服务

通过第三方 B2B 电子商务平台开展网络营销，不但具有成本低、见效快的特点，更值得一提的是第三方平台提供的附加服务，包括资讯服务、博客、论坛、竞价、广告等服务。这些附加服务的存在不仅扩展了平台的功能性，增强了客户凝聚力，还为市场平台聚集了人气，强化了平台原有的市场销售功能，使平台更

具生态性。

三、第三方电子商务平台的功能

第三方电子商务平台是以客户为中心的开放式中立商务平台，是一种有盈利潜力的电子商务模式，其以创新的方式提供传统的功能，用增值功能的形式服务于买卖双方企业。

第一，第三方电子商务平台是以客户为中心的开放式中立平台，是一种有盈利潜力的电子商务模式，它以创新的方式提供传统的功能，用增值功能的形式服务于买卖双方企业。第三方电子商务平台最基本的功能是为网上企业间的交易提供买卖双方的信息服务。

第二，提供附加信息服务。即为企业提供需要的相关经营信息，如行业动态，以及为买卖双方提供网上交易沟通渠道和即时沟通的软件。

第三，提供交易配套服务。最基本的服务是提供网上签订合同的服务及网上支付服务。

第四，提供客户管理功能。即为企业提供网上交易管理，包括企业的合同、交易记录、企业的客户资料托管等。

任务实施1

建设基于第三方 B2B 电子商务平台企业商铺

第三方 B2B 平台就是指为交易活动中买卖双方企业提供信息发布、贸易磋商服务的网络平台供应商。目前在国内比较知名的第三方交易平台有阿里巴巴、环球资源等。2007 年我国中小企业总数超过 3453 万家，其中使用第三方交易平台的数量占总体中小企业的比例由 2006 年的 28% 上升至 2007 年的 34%，达到 1181.4 万家。

阅读材料

第三方市场交易服务平台

目前国内在外贸领域比较突出的第三方市场交易服务平台的服务商主要包括阿里巴巴、网上广交会、环球资源、沱沱网以及各国商品网等。

1. 阿里巴巴

阿里巴巴是全球规模最大的 B2B 电子商务第三方市场平台之一。阿里巴巴在中国 B2B 市场份额甚至已经超过 70%。在全球 20 余个国家和地区都拥有注册用户，截至 2007 年底，阿里巴巴国内注册用户数量达 2760 万名，企业商铺数量达 300 万个，付费会员数量达 30.5 万名。用户经过注册即可获得在其网站上发布信息的权利，这些信息既可以是产品信息，也可以是企业信息；既可以是产品出售信息，也可以是商品采购信息。阿里巴巴在自己的网站上为用户开辟了专门的主页，并且将其分成商铺首页、最新供应、产品展厅、采购清单、公司介绍、诚信通档案、证书荣誉、客户评价、资信参考人、公司动态、招聘中心、在线问答、联系方式等许多板块，供用户发布供应信息之用。用户也可以将公司简介、详细的求购信息以及联系方式发布在阿里巴巴的网站上，以此吸引供货商。阿里巴巴在网络市场影响力最大，连续7年被财富杂志评为全球最佳 B2B 网站。

2. 慧聪网

慧聪网是国内领先的 B2B 电子商务服务商，依托网络平台及先进的搜索技术，为中小企业搭建诚信的供需平台，提供全方位的电子商务服务。目前慧聪网拥有 280 万的企业用户，每天均有十万个以上的企业发布供应、采购、招标、代理等重要信息，日均商机发布量达数十万条。诸多供应商通过这里完成了交易的前期工作，并获得了来自采购者的长期采购订单。

买卖通是 HC360 慧聪网推出的网上交易 VIP 服务，中小企业获得全面服务的通行证，是汇集各专业市场优势，提供全面、专业贴心的网上交易服务，提高你的业绩，使商机更快成为现实。

"买卖通"数据库的各项产品全部按照行业细分，不仅展示产品图片和介绍，而且从描述、详细参数、照片、互动评价、价格比较以及产品比较等，专业化、全方位地进行展示，使得买家可以清楚、准确地了解产品的各方面信息。

买卖通主要提供的服务有：

（1）商铺。拥有独立三级域名企业网站（http:// 您的登录名 .b2b.hc360.com）。

（2）信息发布。发布管理企业、商机、产品信息，更可进行图片和产品说明书上传展示。

（3）求购信息。优先享有最新求购信息，随时通过多种方式联系 50 万买家，抢占先机。

（4）信息排名优先。同类信息列表中，买卖通会员信息优先排名。

（5）资质认证。进行第三方资质认证。买卖通提出了从买家角度出发的"大诚信"概念，即采取资质验证、纵横资讯支持（横：外部环境资讯；纵：产品、交易本身资讯）和产品参数比较等改进措施，大幅提升诚信标准。

（6）即时通信。使用"慧聪发发"即时通信工具，立即与其他商家在线洽谈。

3. 环球资源网

环球资源网（www.globalsources.com/），以外贸见长，为国外专业买家提供采购信息，并为国内供应商提供综合的市场推广服务。其主要竞争对手是阿里巴巴和中国制造网，在外贸方面的表现非常抢眼，并在 2007 年推出中文内贸网，帮助中国的内贸公司和希望进入中国市场的海外公司拓展新业务。

4. 沱沱网

沱沱网 (www.tootoo.com) 成立于 2005 年，是目前国内规模最大的 B2B 垂直搜索引擎。收录英文商业网页 1 亿页，收录企业 800 万家，收录产品 2000 万种，服务海外用户 1500 万。始终专注于"为中国供应商开拓海外市场"。在"中国供应商"与"全球采购商"之间，搭建一座供求信息的桥梁。

目前，沱沱网已经汇聚了超过 10 万家中国出口企业和近万家拥有出口记录的中国优质供应商（China Quality Supplier）。沱沱网拥有超过 30 万家采购商，他们分布在全球 200 多个国家与地区，其中超过 50% 来自北美与欧洲。

5. 各国商品网

2007 年 4 月 12 日，作为国家公共商务信息服务组成部分之一的《各国商品网》(ExporttoChina，简称 E2C) 上线试运营，各国商品网是国家商务部为促进国际贸易平衡发展，帮助国外商品进入中国市场而设立的各国产品信息交流平台。各国商品网按照地域覆盖全球五大洲的 198 个国家和地区的供应商，涵盖了允许进口的所有商品，包括机械设备、家用电器、服装、化工等 38 个大类 1296 个小类。各国商品网发布的产品信息主要由各国政府、商会、协会和国际组织及各种贸易促进机构提供。世界各地的制造商、贸易商亦可自行发布各自生产、经营的商品信息。中国采购商将通过在该网站发布自己的需求信息，在世界范围内获得更多的供货渠道，结识更多的优秀供应商。目前各国商品网已经与驻华大使馆、五大洲商会等共 438 个机构和组织取得联系或者发送信息，并得到了这些机构和组织的积极回应。

下面以阿里巴巴网为例，介绍如何建设基于第三方 B2B 电子商务平台企业商铺。

企业选择好合适的第三方电子商务平台后，就可在该平台进行企业注册并获取账号，然后就需要装饰企业的商铺，进行商铺的管理。

（一）注册第三方电子商务平台

1. 企业身份认证

企业身份认证是指具备相应资历的专业认证机构在认证日对"企业的合法性、真实性"的核实以及"申请人是否经过企业授权"的查证。

2. 企业身份认证的内容

（1）工商注册信息。包括公司名称、公司注册号、公司注册地址、法人代表、经营范围、企业类型、注册资本、公司成立时间、营业期限、登记机关和最近年检时间。

（2）申请人信息。包括认证申请人姓名、性别、部门和职位。

3. 认证过程

（1）认证公司根据企业在网上提交的基本信息，联系企业，要求企业传真营业执照和认证人的授权书。

（2）认证公司根据企业的公司信息，通过当地工商信息查询系统查询该企业是否真实存在，并取得公司注册的相关登记信息，如果查询信息显示该企业已被注销或者营业执照已经过期，则该企业无法通过认证。

（3）认证公司核实通过查询系统获得的企业信息和客户传真的营业执照等信息是否一致，如果不一致则该企业无法通过认证。认证过程中采用很多交叉认证，即正面、侧面都做核实，而被认证的企业接触到的只是正面的核实。

4. 阿里巴巴企业身份认证的流程

（1）企业将基本信息提交给阿里巴巴，申请成为诚信通会员。申请时需要将公司信息以及申请人个人信息等资料提交给阿里巴巴公司。

（2）阿里巴巴将企业的资料转交给第三方认证公司进行认证。

（3）认证公司受理并联系企业。

（4）企业将营业执照和认证申请人授权书传真给认证公司。

（5）认证公司多渠道交叉认证，严格审核。如果查询信息显示该企业已被注销或者营业执照已经过期，则该企业无法通过认证；如果认证公司通过查询系统获得的企业信息与客户传真的营业执照等信息不一致，则该企业也无法通过认证，如果企业无法通过认证，阿里巴巴将拒绝企业申请成为诚信通会员并退款。

（6）通过认证的企业，阿里巴巴公司将会在第一时间对诚信通会员申请者提供各种诚信通会员才有的资讯和服务。

（7）认证通过的企业，认证有效期为一年，一年以后必须重新进行认证，如果未通过认证则终止企业的诚信通服务，如果通过则延续诚信通服务。

（二）搭建企业第三方电子商务平台商铺

1. 企业的基本情况

企业的公司介绍、企业的经营活动、公司发展、联系方式、企业的品牌产品、新闻报道、各种证书以及人才招聘等。

2. 上传企业产品和服务信息

在企业产品和服务描述中应该注意下列问题：

·产品和服务的分类是否恰当、是否符合平台的要求；

·产品和服务的介绍是否详细、图片是否清晰、产品描述数据是否清楚等。

3. 在平台上和平台外推广企业

平台上的企业众多，企业不主动出击宣传和推广，就很可能被淹没在浩瀚的信息海洋中。要在平台上宣传企业，首先应该了解平台上潜在客户是如何搜索需要的产品和服务的，从而制定相应的营销推广策略。另外，还应深入研究平台关于企业宣传和搜索排名的规律。

要在电子商务平台中扩大企业的知名度，企业可以采用以下措施。

（1）购买平台为企业提供的网络广告位，购买产品搜索的关键词排名。

（2）分析平台的搜索排名规律，可通过关键词设计、增加发布频率、掌握发布时段、利用产品分类技巧等方式获取良好的企业和产品展示机会，但在这个过程中应该注意不要违反平台关于产品和供求信息发布的规则。

（3）在平台社区中发布信息，获得他人的关注。平台社区是平台中众多会员交流和展示的场所，企业可以在社区中通过发帖形式获取关注，提高企业的曝光次数，但要注意遵循网络礼仪的相关规则。

（4）主动出击，搜索并与潜在客户主动联系。企业可以在平台上搜索潜在客户的信息，并通过平台所提供的交流平台和沟通工具，主动向潜在客户发布相应的贸易或合作信息。

（5）利用传统渠道引导客户登录企业网站。

4. 安排专人管理平台

企业注册电子商务平台后，相当于在网络虚拟世界中建设了一个或者多个店铺，这是企业在网络虚拟市场中与潜在客户沟通的渠道。企业应该像管理实体店铺一样，做好下列客户的接待、咨询工作以及日常的店铺管理工作。

（1）及时处理客户的订单，及时回复客户的业务咨询。

（2）及时将订单的处理情况通过即时通信工具、电话、邮件和留言等方式通知客户。

（3）做好产品和供求信息的更新和日常宣传推广工作。

（4）及时收集相关信息，监控各平台网络营销实施的效果。

（5）密切关注竞争对手在各平台中的动向，及时向相关部门报告并提出相应的对策和建议。

5. 评估平台推广效果

企业在利用电子商务平台实施网络营销后，要经常对各项活动的效果进行总结和分析，不断探索各平台的运营规律，及时总结经验教训，以便提升企业网络营销推广的总体效果。

任务实施2

建设基于第三方C2C电子商务平台个人商铺

C2C电子商务模式是一种个人对个人的网上交易行为，C2C第三方电子商务平台采用的运作模式是通过为买卖双方搭建拍卖平台。目前主要的第三方C2C电子商务平台有淘宝、易趣、拍拍等公司。

中国电子商务典型 C2C 平台比较

服务商	是否 盈利	开店 认证	支付 工具	信用 体系	沟通 工具	物流	售后服务	社区	投资方
淘宝	否	需要	支付宝	卖家信用 买家信用 卖家好评 买家好评	旺旺	第三方物流	先行赔付 7天无理由 退换货	有	阿里巴巴 集团
eBay易趣	否	需要	安付通	总信用度 总好评度	易趣通	第三方物流	先行赔付 7天包退 15天包换	有	美国ebay
拍拍	否	需要	财付通	卖家信用 买家信用	QQ	第三方物流	7天包退 14天包赔	有	腾讯
有啊	否	需要	百付通	卖家满意度	百度hi	第三方物流	7天无条件 退换货	有	百度

下面以淘宝网上开店为例，介绍如何利用建设第三方 C2C 电子商务平台搭建个人网上商铺。

（一）开网店前的准备工作

选择在淘宝开店是因为完全免费。在淘宝开店铺，需要满足三个条件：

1）注册会员，并通过认证；

2）发布 10 件以上（包括 10 件）的宝贝；

3）为了方便安全交易，开通网上银行。

1. 用户注册

登录 http://www.taobao.com 点击页面右上方的"免费注册"（图 5-4）。

第一步，填写账户信息。在打开的页面中，填写账户信息（图 5-5），单击"同意以下服务条款并注册"按钮。

图 5-4　免费注册　　　　　　　　图 5-5　填写账户信息

第二步，验证账户信息。在弹出的验证页面（图 5-6），可以使用手机验证和邮箱验证，我们选择使用手机验证，输入手机号码，点击提交。验证码会发送到手机里，然后输入验证码（图5-7），点击验证。

安全小提示

为了保证交易的安全性。注意密码不要设置得太过简单，建议使用"英文字母+数字+符号"的组合密码。

第三步，注册成功，获得淘宝账户和支付宝账户（图5-8）。

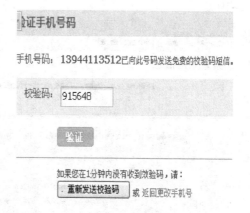

图5-6　验证账户信息　　　　　图5-7　验证手机号码

图5-8　注册成功

2. 身份认证

"淘宝网"规定只有通过实名认证之后，才能出售宝贝，开店铺。所以在注册用户之后，还要进行相应的认证（包括个人实名认证和支付宝认证两个过程）。具体的操作步骤如下：

第一步，登录淘宝网，点击页面上方"我的淘宝"。在打开的页面中，点击"卖宝贝请先实名认证"（图5-9）。

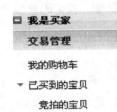

图 5-9　实名认证

第二步，在打开的页面中，填写支付宝补全相应信息，最后单击"确定"（图 5-10）。

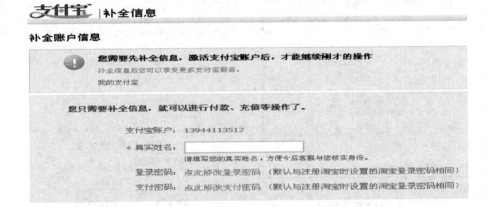

图 5-10　填写支付宝账户信息

第三步，选择"在线开通支付卡通"认证方式，点击"立即申请"（图 5-11），按照提示填写相关信息（图 5-12）。

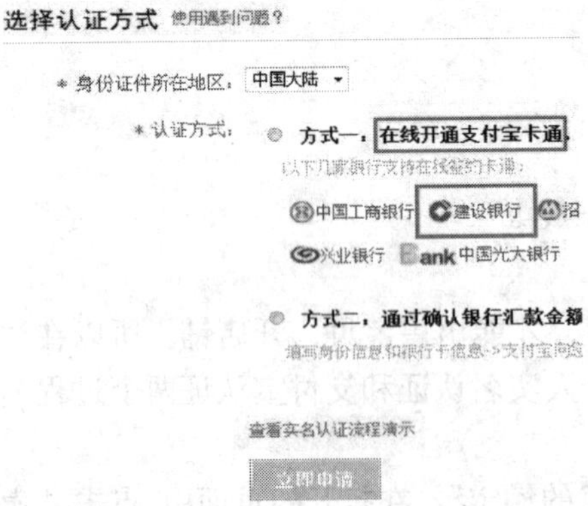

图 5-11　选择认证方式

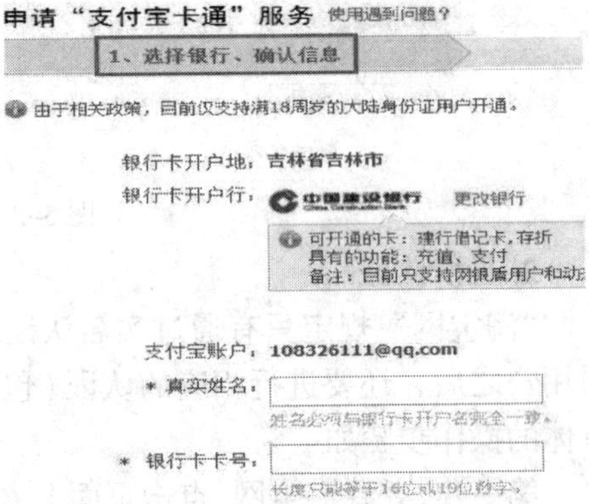

图 5-12　申请"支付宝卡通"

第四步，登录网上银行，通过支付宝卡通授权，完成实名认证（图5-13）。

图5-13　授权成功

3. 我要开店

第一步，单击"我要开店"（图5-14），并且参加考试（图5-15）。

图5-14　我要开店　　　　　　　　　　　　图5-15　参加考试

第二步，获取免费店铺。淘宝为通过考试的会员提供了免费开店的机会，为店铺起名，选择卖家类型，主要货源，以及对店铺进行描述等，然后单击"提交"按钮，在出现的页面中出现了"恭喜！您的店铺已经成功创建……"的字样，并提供了店铺的地址。

4. 发布宝贝

要在淘宝开上店铺，除了要符合认证的会员条件之外，还需要发布您所要出售的宝贝。于是，在整理好商品资料、图片后，您要开始发布第一个宝贝。

> **友情提示**
>
> 　　如果没有通过个人实名认证和支付宝认证，可以发布宝贝，但是宝贝只能发布到"仓库里的宝贝"中，买家是看不到的。只有通过认证，才可以上架销售。

第一步，登录淘宝网，在页面上方点击"我要卖"。在打开的页面中，可以选择"一口价"或"拍卖"两种发布方式，这里选择单击"一口价"。

　　第二步，选择类别，根据自己的商品选择合适的类别。比如我选择了女鞋的宝贝详情。单击"好了，去发布宝贝"按钮继续下一步。

　　第三步，先填写宝贝的基本信息，然后点击发布（图5-16）。

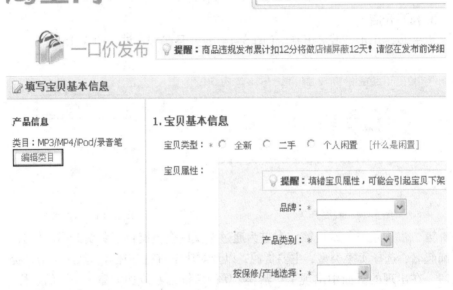

图5-16　填写宝贝的基本信息

（二）店铺装修很重要

　　在免费开店之后，卖家可以获得一个属于自己的空间。和传统店铺一样，为了能正常营业、吸引顾客，需第三方市场交易服务平台要对店铺进行相应的"装修"，主要包括店标设计、宝贝分类、推荐宝贝、店铺风格等。

1.基本设置

　　登录淘宝，打开"我的淘宝——我是卖家——管理我的店铺"。在左侧"店铺管理"中点击"店铺基本设置"，在打开的页面中可以修改店铺名、店铺类别、卖家类型、店铺简介、店铺介绍等（图5-17）。

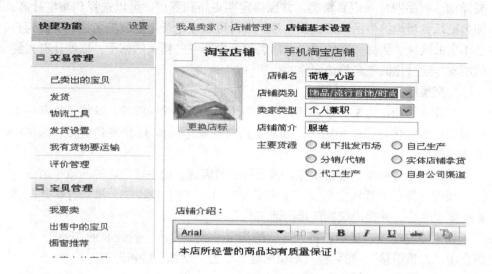

图5-17 店铺基本设置

2. 宝贝分类

给宝贝进行分类,是为了方便买家查找。在打开的"管理我的店铺"页面中,可以在左侧点击"宝贝分类管理";接着,输入新分类名称,单击"保存"按钮即可添加。

3. 推荐宝贝

淘宝提供的"推荐宝贝"功能可以将你最好的宝贝拿出来推荐,在店铺的明显位置进行展示。只要打开"管理我的店铺"页面,在左侧点击"橱窗推荐",然后,就可以在打开的页面中选择推荐的宝贝,单击"推荐"按钮即可。

4. 店铺风格

不同的店铺风格适合不同的宝贝:给买家的感觉也不一样,一般选择色彩淡雅、看起来舒适的风格即可。我选择了"绿野仙踪"的风格模板,右侧会显示预览画面,单击"确定"按钮就可以应用这个风格。在店铺装修之后,一个焕然一新的页面出现在面前。

(三)推广是成功的关键

网上小店开了,宝贝也上架了,特色也有了,可是几周时间过去了还是没有成交,连买家留言都没有,这是很多新手卖家经常遇到的问题。这个时候,你就要主动出击了。

我曾经遇到这样的苦恼,于是我决定通过论坛宣传、交换链接、橱窗推荐和好友宣传四种方式给小店打打广告。

1. 论坛宣传

在论坛宣传的主要方法就是通过发广告帖和利用签名档。前者可以在各省或各大城市的论坛上进行,如果有允许发布广告的板块,可以发广告帖,内容一定要详细，商品图片一定要精美，并保持定期更新和置顶。可以选择到淘宝社区，知名论坛，当地的生活社区宣传一番。后者可以在论坛上更改签名档，更改为自己小店的网址、店标、宣传语以及店名等。发布一些精美的帖子，以便让有兴趣的朋友，通过你的签名档访问你的小店。

2. 交换链接

在开店初期，为了提升人气，可以和热门的店铺交换链接，这样可以利用不花钱的广告宣传自己的小店。比如淘宝网就提供了最多 35 个友情链接，添加的方法很简单。

首先，通过淘宝的搜索功能，搜索所有的店铺，记下热门店铺的掌柜名称。

接着，登录下载淘宝买家、卖家交流工具—"淘宝旺旺"，添加这些热门店铺的掌柜名称，并提出交换链接的请求。

如果答应交换，最后，打开"我的淘宝—我是卖家—管理我的店铺"，在左侧点击"友情链接"，然后输入掌柜名称，单击"增加"按钮即可。

3. 加入消保、旺铺

如果想在淘宝上长期做下去的朋友们，建议这两项服务最好都加入，其实算一下也没多少费用，旺铺一个月也才 30 元，一天就一元钱，因此还是很划算的，为什么要加入这两个呢？第一消保，消保就是消费者保障，从字面上就可以看出这是对客户的一种保障，换位思考一下，如果你是消费者，同样的商品你一定会去消保卖家那里消费吧，除非你的商品是淘宝独一无二的，那没话说。第二旺铺，顾名思义，旺铺就跟一个实体店的门面一样，你装修的好看客户的心情也会开心一点，心情好了说不定就多看中了几样东西呢。哈哈。其实旺铺与非旺铺就好比一个普通店和五星饭店一样，同样的价钱有谁不想去五星饭店消费呢？

店铺宣传的方法还有很多，不一定都适合大家，但是不管怎样，都要有自己的方式和方法。酒香不怕巷子深，在这种网络交易平台上恐怕是行不通的。因为店铺的宣传就像实体店铺的门脸，你不去做就不会有人知道，更谈不上机会。

（四）宝贝出售后

在宝贝售出之后，除了会收到相应的售出提醒信息，还需要主动联系买家，要求买家支付货款，进行发货以及交易完成后的评价或投诉等。

1. 查看已卖出的宝贝

如果有买家购买宝贝，淘宝网会通过"淘宝旺旺"、电子邮件等方式通知卖家。卖家也可以登录淘宝网，打开"我的淘宝—我是卖家—已卖出的宝贝"。在"联络买家"区域点击"给我留言"可以通过"淘宝旺旺"给买家留言；如果买家没有使用"淘宝旺旺"，也可以记下买家 ID，然后发站内信件。

2. 联系交易事宜

买卖双方联系之后，约定货款支付、发货方式。为了保证买卖双方的利益，货款支付方式建议选择支付宝支付方式。

3. 付款、发货

为了防止货到不付款的情况，卖家在卖宝贝的时候一般采用"款到发货"的方式。

首先，要求买家付款，一般通过支付宝支付。支付货款之后，卖家可以打开"我的淘宝—我是卖家—已卖出的宝贝"查询，如果发现交易状态显示为"买家已付款，等待卖家发货"，说明支付宝已经收到汇款，这个时候卖家就可以放心发货给买家。

友情提示

对于使用支付宝交易的卖家，可以打开"我的淘宝—支付宝专区—交易管理"，在其中对进行的交易进行管理，比如交易查询、退款管理等。

买家在收到卖家的货物后，在交易状态中进行确认，最后淘宝就会打款到卖家的支付宝账户中。这样，就完成了交易。别忘了，还要和买家保持联系，这样可增加再次访问你的小店、购买宝贝的机会。

4. 评价、投诉

在完成交易之后，买家和卖家都可以打开"我的淘宝"进行评价，卖家可以打开"我的淘宝—我是卖家—已卖出的宝贝"，在卖出的宝贝中点击"评价"，根据实际情况选择好评、中评或差评，还可以输入文字内容。

友情提示

要成为淘宝的星级店主，信用度至少为4分。卖家信用度得分的依据是每次使用支付宝成功交易一次后买家的评价，如果是"好评"加一分，"中评"不加分，"差评"扣一分。所以要成为星级店主，切记要诚信服务。如果出现网上成交不买、收货不付款等情况，卖家都可以打开"我的淘宝—信用管理—我要举报"进行投诉、举报，不过需要收集发货凭证、买家签收凭证、旺旺截屏等证据。

虽然说网上开店零成本、低风险，但是没做成一笔买卖、"关门大吉"的例子也比比皆是。要让自己的小店在网上得以生存，最重要的就是"诚信"，只有诚信才能赢得买家的心，获得良好的信用评价，这样才能发展起来！

拓展知识

网上开店

网上开店是指店主（卖家）自己建立网站或通过第三方平台，把商品（形象、性能、质量、价值、功能等）展示在网络上给顾客看，然后在网络上留下联系和支付方式，买卖双方相互联系，然后买家以汇款或网上银行的方式跟店主进行买卖，来达成交易的整个流程。

网上开店的经营方式

（1）网上开店与网下开店相结合的经营方式。此种网店因为有网下店铺的支持，在商品的价位、销售的技巧方面都更高一筹，也容易取得消费者的认可与信任。

（2）全职经营网店。经营者将全部的精神都投入到网站的经营上，将网上开店作为自己的全部工作，将网店的收入作为个人的主要来源。

（3）兼职经营网店。经营者将经营网店作为自己的副业，比如现在许多在校学生利用课余时间经营网店。也有一些职场人员利用工作的便利开设网店，增加收入来源。

复习思考题

1. 什么是第三方电子商务平台？

2. 第三方电子商务平台的特点。

3. 第三方电子商务平台的功能。

4. 企业如何搭建适合自己的第三方电子商务平台？

技能训练

1. 访问代表性 B2B、B2C、C2C 平台，了解其功能、特点和商业模式。

2. 第三方平台的选择

（1）选定一种产品（一家公司），为其找到四个适合建设网上商铺的第三方电子商务平台，其中包括两家综合型平台和两家行业型平台。

（2）为该产品（或公司）在阿里巴巴中注册一个商铺，并分析阿里巴巴诚信通会员和非诚信通会员在商铺建设上有什么区别。

总结与回顾

企业建设网络营销平台的方式有两种，一是按照确定网站主题、做好网站内容规划、规划网站的风格、网站测试和发布、网站推广、网站财务预算和网站维护步骤来建设营销型企业网站；二是在第三方电子商务平台中构建企业商铺。第三方 B2B 电子商务平台具有网络营销成本低、针对性强、人流量大、信息量大等特点。

企业网站的定位可以从网站目标、网站类型及核心业务、网站功能等方面进行。网站设计必须遵循明确网站设计目标与用户需求、总体设计方案主题鲜明、网页形式与内容统一、网站结构设计清晰、访问速度保证快等原则。

第三方电子商务平台是以客户为中心的开放式中立商务平台，是一种有盈利潜力的电子商务模式，我们既可以建设基于第三方 B2B 电子商务平台企业商铺，也可以建设基于第三方 C2C 电子商务平台个人商铺。

项目六　网络推广

项目描述

据专业统计数据显示，截至 2010 年 12 月，我国网民规模达到 4.57 亿，较 2009 年底增加 7330 万人；互联网普及率攀升至 34.3%，较 2009 年提高 5.4 个百分点。我国宽带基础服务覆盖率继续扩大，宽带网民规模达到 4.5 亿，年增长 30%，有线（固网）用户中的宽带普及率已经达到 98.3%。面对茫茫"网"海，企业如何在网络上开展营销活动才能脱颖而出呢？

现在，网络营销取得成功的关键因素不再仅仅局限于建一个优秀的电子商务网站，更在于如何让更多的客户和潜在客户找到企业网站，这就需要借助各种网络推广手段。

网络推广的目的在于让尽可能多的潜在用户了解并访问网站，从而获得有关的产品和服务等信息，为最终形成购买决策提供支持。从广义上讲，企业从开始申请域名、租用网络空间、设计网页、建立网站开始，就已经开始了网络推广活动。而通常我们所指的网络推广是指通过互联网手段进行的宣传和推广等活动。

学习目标

学习目标	知识目标	理解网络推广的内涵
		掌握网络推广方案的内容
		了解搜索引擎营销的含义和搜索引擎营销的方法
		掌握网络广告的形式
		掌握电子邮件营销的内涵及主要功能
		理解邮件列表的含义
		掌握博客营销的特点、价值、策略和企业利用博客营销推广的操作模式
	能力目标	能够按照企业的发展规划制定网络推广方案
		能利用搜索引擎进行企业网络推广
		能利用网络广告进行网络推广

学习目标	能力目标	能够利用电子邮件进行网络推广
		能够熟知企业开展博客营销的实施流程
	素质目标	具有分析问题解决问题的能力
		团结协作意识，较强集体荣誉感
		严格的纪律性，服从大局，严于律己
		独立思考、自主学习能力

技能知识

网络推广，搜索引擎，网络广告，电子邮件，博客

引导案例

王老吉经典营销案例分析——封杀王老吉

2008 年 5 月 18 日，中央电视台为汶川大地震举行赈灾晚会，东莞加多宝公司（凉茶王老吉的生产商）捐出了高达 1 亿元的善款，使这家原本默默无闻的公司"一举成名天下知"。

就在加多宝公司出人意料地以巨款捐助行为感动社会公众的当下，次日晚，国内知名网络论坛天涯上便出现了一个叫嚣要"封杀王老吉"的帖子，帖子标题为《让王老吉从中国的货架上消失！封杀它！》帖子内容为：王老吉你够狠捐一个亿！为了整治这个嚣张的企业，买光超市的王老吉！上一罐买一罐！

帖子只有不多的字，却马上引来了许多支持者，到 6 月 2 日，这个帖子的浏览量已经超过 52 万，回帖多达 5000 多条。加多宝公司一时成为"爱心企业"的模板，"封杀王老吉"的帖子也被多次转载，引起众多传媒对这一事件的关注和跟进报道。数日后，网上出现了王老吉在一些地方卖断货的传言。

在这个病毒式传播背后，其实是一场网络营销行动。据一位内部人士透露，王老吉是请了一大批网络推手在推波助澜。曾捧红了芙蓉姐姐、二月丫头等网络红人的著名网络推手陈墨认为：王老吉去年就在网络营销上投入，常规时期在论坛上每个月的投入数额都比较大。正因为有王老吉之前的持续投入，在这个关键时刻，它的网络营销才如此快速准确地全面反应。这次王老吉在切入点上选择得非常好，同时及时准确地利用了论坛、博客、网站等各种网络营销传统工具的配合，沿用之前的网络推手团队，而不是呆板地聘请传统公关公司。

这次"封杀王老吉"热点传播是操盘网络渠道组合成功的案例，成功运用的网络工具主要包括以下几个方面。

（1）论坛推广。王老吉在网络推广中，不断制造引人注意的话题"彻底封杀王老吉"等，输入"封杀王老吉"，能找到相关网页 741000 篇。

（2）贴吧推广。百度贴吧在超女之后，成为最大的中文社区。王老吉也如超女一样成为贴吧明星，在百度贴吧中搜索王老吉，能搜索到 16171 篇相关的帖子，从不断的发帖到大量的回复，富有强烈的煽动力。

（3）QQ 群推广。一个普通 QQ 群有 100 人，高级群有 200 人，现在有两千万左右个 QQ 群，

通过"以后喝王老吉(捐款1亿),存钱到工商(8726万)……"易于传播的文字,让王老吉在多个QQ群之间疯狂传播。

(4)博客推广。"要捐就捐一个亿,要喝就喝王老吉",在众多博客之间引起热门讨论。

(5)媒体关注。新闻报道王老吉捐出1亿元后,立刻成为众多网络媒体的关注热点,而在网络上的推广活动也会不断地促进网络媒体的报道,同时不断地给传统媒体提供素材。

(6)事件营销。企业利用有新闻价值的事件,不战而屈人之兵。

在王老吉的网络推广方式之中,我们可以看到也有一部分内容是网友自发的,正因为这一事件具有新闻事件性,自然而然地成为各大媒体和网友关注的热点。演变到最后就是真假枪手难分,形成强烈的情绪磁场。

"封杀王老吉"事件创意三原则

创意之一:成功借势

汶川大地震之后,全国人民都对企业捐款贡献爱心非常关注,在当时"比富"的大舆论情况下,部分企业都是捐赠几百万或数千万元,王老吉一出手捐款数额就是一亿元,毫无疑问这是一鸣惊人的。

创意之二:有效策划

网友是单纯的,也是容易被煽动的。王老吉捐款一个亿的壮举在接下来的几天里迅速成为各个论坛、博客讨论的焦点话题。但是话题是分散的,需要一个更强有力的话题让这场讨论升级,于是"封杀王老吉"成为了由赞扬到付诸行动的号令。创意本身契合当时网友的心情,使得可能平日里会被人痛骂的"商业贴"的内容一下子成为人人称誉的好文章。

创意之三:持续推动

任何一个创意营销传播话题要最终变成现实的营销拉动力,必须使该话题得到持续的关注,并且不断扩散。"封杀王老吉"一个单贴,能够有如此大的影响,企业背后的网络推手对于这个帖子的初期转载和回复引导作用至关重要。BBS营销在整个事件中显得尤为重要,首发天涯等大论坛,然后迅速地转载到各个中小论坛,之后就可以依靠"病毒"自身的传播惯性去进行扩散了。

思考问题:

1.这个案例采用哪些网络推广工具?

2.如何看待网络推手这一网络公关手段?网络推手应该有什么样的行为边界?

任务一　网络推广方案的制定

任务分析

网络推广是企业整体营销战略的一个组成部分,是建立在互联网基础上、借助于互联网的特性来实现一定营销目标的一种营销手段。在实施过程中,我们要制定一个合理的网络推广方案,才能保证企业网络营销目标的实现。

一、网络推广的概述

网络推广就是利用互联网进行的宣传推广，目的主要是通过网络手段，把信息推广到目标受众那里，被推广对象既可以是政府、企业，也可以是产品或是个人，凡是通过网络手段进行的推广，都属于网络推广的范畴。

据 2009 年调查显示，中国 93% 的企业没有尝试过网络推广，而在国外这个数字仅为 16%，这一调查数据表示中国互联网网络推广还处于萌芽阶段。

网络推广可以帮助企业把信息更快地传播出去，可以让客户更快地找到企业。网络推广主要是利用互联网的广度和深度，帮企业快速提高知名度，提升搜索引擎排名，最终实现利益最优最大化的目的。

1. 网络推广和网络营销的区别

网络推广和网络营销是不同的概念，网络营销侧重于营销层面，更重视网络营销后能否产生预期的经济效益。而网络推广侧重于推广，更注重的是通过推广后，给企业带来的网站流量、世界排名、访问量、注册量等，目的是扩大被推广对象的知名度和影响力。可以说，网络营销中必须包含网络推广这一步骤，而且网络推广是网络营销的核心工作。

2. 网站推广与网络推广的区别

网站推广是网络推广极其重要的一部分，因为网站是网络的主体。因此很多网络推广都包含着网站推广。当然网络推广也还进行非网站的推广，例如线下的产品、公司等。这两个概念容易混淆是因为网络推广活动贯穿于网站的生命周期，从网站策划、建设、推广、反馈等网站存在的一系列环节中都涉及了网络推广活动。

二、常规网络推广方法

实施网络推广是通过各种具体的方法来实现的，所有的网络推广方法都是对网络推广工具和资源的有效合理利用。根据可以利用的常用的网络推广工具和资源，相应地，可以将网络推广的基本方法归纳为：搜索引擎推广方法、电子邮件推广方法、博客推广方法、网络广告推广方法等。

三、网络推广方案的含义

网络推广方案是在企业营销战略的指导下，对网络推广活动的实施进行初步的安排，明确网络推广活动的目标和确定大致的网络推广方式，它是企业营销活动的重要组成部分。

企业网络推广方案的制定

企业网络营销是受多种要素影响的，但成功与否更多是取决于网络推广这个要素，如何更好地筹划网络推广方案是企业网络营销目标实现的关键所在。

网络推广方案主要包括以下内容。

1.规划网络推广的主要目标

通常情况下，企业网络推广的目标分为整体目标和具体目标。网络推广整体目标，就是确定开展网络推广后达到的预期目标，以及组织有关部门和人员参与制定相应的计划。网络推广的具体目标是指通过相应的网络推广之后，企业应该实现的各个具体营销指标。

（1）规划网络推广的整体目标。通过网络推广提升品牌；通过网络推广来拉动销售。

（2）规划网络推广的具体目标。面对众多竞争对手，要使网站更有吸引力和价值；使目标受众可以再次浏览目标网站，增加网站黏着度；培养消费者的忠诚度，拉近产品与消费者之间的距离，促进销售；搭建完善的专属在线营销系统和企业商城，实现在线销售功能；进行网络传播，提升企业品牌。

2.分析竞争对手的网站及推广方式

企业要制定正确的竞争战略和策略，必须深入地了解竞争者，明确谁是自己的竞争对手，他们的经营战略和目标是什么，他们的优势与劣势，反应模式是什么，从而确定自己的经营战略。因此企业必须清楚当前的竞争对手，并了解其网络推广所采用的策略。

为你的企业选择三个竞争对手，分析其网站结构、风格、品牌、内容、服务等，并分析其所采用的网络推广方式，完成表6-1。

表6-1　　　　　　　　　　　企业网络推广方式分析

竞争者	1	2	3
竞争者网站分析			
竞争者网络推广方式分析			
所选定的企业拟采用哪些网络推广方式			

3.确定网络推广的目标市场

目标市场是企业打算进入并实施营销组合的细分市场，或打算满足的具有某一需求特征的顾客群体。正如企业在进行传统营销时要确定目标客户，同时选择和目标客户一致的平面媒体一样。我们在做网络推广时，也要明确我们的目标客户是哪些人，他们经常会浏览哪些网络媒体，然后再对门户网站、行业网站进行选择，这些都是我们在做网络推广时必须关注的。

企业进行网络推广时，必须做到深刻了解客户习惯，并采取不同的策略进行推广。有的目标顾客最喜欢去聊天论坛的话，我们就应去聊天论坛宣传我们的企业信息和产品信息，也可以在聊天论坛里做网络广告；如果目标顾客最喜欢去阿里巴巴这样的第三方电子商务平台，我们就应选择阿里巴巴去发布相关的信息。此外，除了根据客户习惯针对性营销外，还必须了解各类网站的功能特点。

在目标市场中，产品购买者是决定产品购买的关键因素，同时，产品购买的影响者会对产品购买者产生相当大的购买影响，下面我们就来分析一下企业主要购买者、购买影响者以及他们的网上行为。

（1）确定产品购买者。

（2）分析产品购买影响者。

（3）分析目标客户在互联网上的行为，明确目标客户的网上行为，就可以为我们接下来的网络推广市场定位提供依据。

（4）明确网络推广的市场定位。

4. 选择恰当的网络推广方式

网络推广方案的制定，是对各种网络推广工具和资源的具体应用。这一步离不开第二步的支持，只有对目标人群细分、锁定之后，才能开始选择合适的网络推广方法。有的适合借助搜索引擎（SEO 或者 SEM），有的适合网站广告，有的适合电子邮件营销，有的时候借助博客推广等。网络推广的方法很多，但并不是每一种方法都能给你带来最直接的效果。你可以列出所有可行的网络推广方法，然后综合对比，对效果进行预估，最终选择你认为最合适、最有效的 2~3 种方法进行下面的步骤。

5. 制定网络推广计划

网络推广方法只是一种思路，而计划则是指导整个推广正常有效进行的关键，推广计划要求你为你的推广方案实行有效的时间预期和成本预估。设定阶段性目标很关键，只有这样才能检验你的推广方案是否真的有效，才能将整个推广有效地实现时间管理与成本控制，同时也才能不断发现新的目标和捷径。

6. 网络推广成本预估与控制

有效的网络推广应该是利用尽可能少的成本获取最大的回报，所以在正式开始推广方案之前，必须对推广成本进行预估，钱花在刀刃上，不必要花的或者可以通过其他办法弥补的都需要完善到推广方案中去。对耗资巨大，砸钱式的推广方法应该坚决摒弃。

7. 完善自己的网络推广方案

一份优秀的网络推广方案应该对自身产品和目标人群都有详尽的分析，需要包含时间控制与成本控制，包含执行计划，效果预期等内容。最后，你还需要将方案书进行认真的检查和分析，修改纰漏和添加补充说明，要站在执行者的角度来考虑所有问题，对有可能出现的问题进行预期并补充解决方案等。

网络推广的五种理论

1.按范围划分

（1）对外的推广。顾名思义，对外推广就是指针对站外潜在用户的推广。主要是通过一系列手段针对潜在用户进行营销推广，以达到增加网站PV、IP、会员数或收入的目的。

（2）对内的推广。对内推广是专门针对网站内部的展开的推广。比如如何增加用户浏览频率、如何激活流失用户、如何增加频道之间的互动等。以友答网举例，其旗下有几个不同域名的网站，如何让这些网站之间的流量转化、如何让网站不同频道之间的用户互动，这些都是对内推广的重点。

2.按资金的投入划分

（1）付费的推广。付费推广就是需要花钱才能进行的推广。比如各种网络付费广告、竞价排名、杂志广告、CPM、CPC广告等。做付费推广，一定要考虑性价比，即使有钱也不能乱花，要让钱花出效果。

（2）免费的推广。免费推广是指在不用额外付费的情况下就能进行的推广。这样的方法很多，比如论坛推广、资源互换、软文推广、邮件群发等。随着竞争的加剧、成本的提高，各大网站都开始倾向于此种方式了。

3.按渠道划分

（1）线上的推广。线上推广指基于互联网的推广方式。比如网络广告、论坛群发、新闻组等。现在越来越多的传统企业都开始认可线上推广这种方式了，和传统方式比，其性价比非常有优势。

（2）线下的推广。线下推广指通过非互联网渠道进行的推广。比如地面活动、户外广告等。由于线下推广通常投入比较大，所以一般线下推广都是以提升树立品牌形象或是增加用户黏性为主，如果是为了提升IP或是PV，效果不一定很好，要慎重考虑。

4.按手段划分

（1）常规手段。常规手段是指一些良性的、非常友好的推广方式。比如正常的广告、软文等。不过随着竞争的加剧，这种方式的效果越来越不明显了，通常需要开发新的方法，或是在细节上狠下工夫才能达到更好的效果。

（2）非常规手段。非常规手段就是指一些恶性的、非常不友好的方式。比如群发邮件、骗点、恶意网页代码，甚至在软件里插入病毒等。通常这种方法效果都奇好，但对于品牌形象可能会有负面影响，所以使用时，要把握好尺度。对于一些特别恶性的，尽量不要用。

5.按目的划分

（1）品牌推广。以建立品牌形象为主的推广。这类推广一般都用非常正规的方法进行，而且通常都会考虑付费广告。品牌推广有两个重要任务，一是树立良好的企业和产品形象，提高品牌知名度、美誉度和特色度；二是最终要将有相应品牌名称的产品销售出去。

（2）流量推广。以提升流量为主的推广。在流量面前，大部分网站都不得不低下高贵的头，现在大家基本上什么方法都用，我们的口号是：没有不敢使的招，只有想不到的招。

（3）销售推广。以增加收入为主的推广。通常会配合销售人员来做，具体情况具体对待，这里就不多说了。

（4）会员推广。以增加会员注册量为主的推广。一般大家都以有奖注册，或是其他激励手段为主进行推广。没办法，现在的用户太现实了，没好处，不会捧你场。

（5）其他推广。其他一些项目或是细节的推广。比如某个具体活动等，就不具体举例了。

复习思考题

1. 什么是网络推广？

2. 网络推广方案主要包括哪些内容？

技能训练1

1. 请你在 20 分钟内收集 50 个客户的资料，要求信息完整、详实。

2. 接第一题，请给其中的 10 个客户打电话，要求准备好话题，能与关键人通话。

3. 5 人一组，其中两人进行聊天，计时 10 分钟；3 人为观察员，观察 2 人聊天后，请评价他们聊天时的仪态、话题。

技能训练2

假设你是某网络公司的一名营销人员，该公司是百度、新浪和阿里巴巴的代理商，请为你熟悉的某企业策划一份全方位网络推广的方案。

任务二　利用搜索引擎推广

任务分析

2010 年，搜索引擎的用户规模达 3.75 亿，渗透率为 81.9%，成为网民第一大应用。搜索引擎用户数年增长 9319 万，增幅达 33.1%。在互联网信息迅速膨胀的今天，网络信息资源越来越丰富。用户要在网络的海洋里查找信息，就像大海捞针一样，搜索引擎正是为了解决这个"迷航"问题而出现的技术。搜索引擎提供的搜索和导航服务已经成为互联网上非常重要的网络信息服务。

相关知识

一、搜索引擎推广概述

搜索引擎是指根据一定的策略、运用特定的计算机程序收集互联网上的网站网页及其他信息，并对收集到的信息进行相关组织和处理，建立相应的数据库和索引文档，为用户提供搜索服务的系统。

搜索引擎推广的方法可以分为多种不同的形式，常见的有登录免费分类目录、登录付费分类目录、搜索引擎优化、关键词广告、关键词竞价排名和网页内容定位广告等。

从目前的发展趋势来看，搜索引擎在网络营销中的地位依然重要，并且受到越来越多企业的认可；搜索引擎营销的方式也在不断发展演变，因此应根据环境的变化选择搜索引擎营销的合适方式。

二、主要中文搜索引擎分类目录（表 6-2）

表 6-2 　　　　　　　　　　　主要中文搜索引擎分类目录

分类	名称及网址	简介
主要搜索引擎	百度 http://www.Baidu.com	百度搜索引擎拥有目前世界上最大的中文搜索引擎，总量超过3亿页以上，并且还在保持快速的增长。百度搜索引擎具有高准确性、高查全率、更新快以及服务稳定的特点，能够帮助广大网民快速地在浩如烟海的互联网信息中找到自己需要的信息，因此深受网民的喜爱
	Google简体中文 http://www.google.cn/	Google 的使命是整合全球范围的信息，使人人皆可访问并从中受益。完成该使命的第一步就是 Google 的创始人 Larry Page 和 Sergey Brin 共同开发的全新的在线搜索引擎。该技术诞生于斯坦福大学的一个学生宿舍里，然后迅速传播到全球的信息搜索者。Google 目前被公认为全球最大的搜索引擎，它提供了简单易用的免费服务，用户可以在瞬间返回相关的搜索结果 在访问 Google 主页时，您可以使用多种语言查找信息、查看新闻标题、搜索超过 10 亿幅的图片，并能够细读全球最大的 Usenet 消息存档，其中提供的帖子超过 10 亿个，时间可以追溯到 1981 年
	雅虎 http://www.yahoo.com.cn/	2005年11月9日阿里巴巴公司在完成对雅虎中国的收购与整合之后，重新发布了进入中国市场7年之久的雅虎网站，未来雅虎在中国的业务重点方向将全面转向搜索领域，这也是自2005年8月11日阿里巴巴宣布收购雅虎中国时就从没改变的方向。阿里巴巴CEO马云表示：阿里巴巴在搜索领域既有决心更有信心，在中国，雅虎就是搜索，搜索就是雅虎

主要搜索引擎	搜狗搜索 http://www.sogou.com/	2004年8月3日，搜狐正式推出全新独立域名专业搜索网站"搜狗"，成为全球首家第三代中文互动式搜索引擎服务提供商，提供全球网页、新闻、商品，分类网站等搜索服务
	中国搜索 http://www.zhongsou.com/	2003年12月23日，刚刚上市的慧聪国际集团重拳出击，原慧聪搜索正式独立运作，成立了中国搜索，全力打造中文搜索第一品牌
	爱问搜索引擎 http://iask.com/	"爱问"搜索引擎产品由全球最大的中文网络门户新浪汇集技术精英、耗时一年多完全自主研发完成，采用了目前最为领先的智慧型互动搜索技术，充分体现了人性化应用理念，将给网络搜索市场带来前所未有的挑战
	TOM搜索 http://i.tom.com/	提供网页、网站、图片、MP3、新闻搜索，其网页搜索结果由百度搜索提供
	SOSO搜索 http://www.soso.com/	QQ推出的独立搜索网站，提供综合、网页、图片、论坛、音乐、搜吧等搜索服务
	中华搜索 http://sou.china.com/	2006年1月18日，中华网推出新版的搜索引擎网站，目前提供网页、新闻、本地、图片、音乐、论坛搜索等服务
	MSN中文搜索（测试版） http://beta.search.msn.com.cn/	网页搜索功能不仅提供网页链接列表，而且将您链接到您要查找的答案和信息。为实现这点，新的 MSN 搜索使用新的搜索引擎、索引和爬网软件，它们都是建立在 Microsoft 技术的基础之上的
分类目录	搜狐分类目录 http://dir.sogou.com/	50000主题分类，500000优选网站，人工精选分类
	Google 网页目录http://www.google.com/dirhp?h=zh-CN&tab=wd	Google 的网络目录内容是依据"Open Directory"，经由全球各地的义务编辑人员精心挑选，再由 Google 著名的"网页级别"技术（专利申请中）分析，让网页依照其重要性先后排列出，并透过网页介绍里的横线长度，来标明此网页的重要程度
	新浪搜索分类目录 http://dir.iask.com/	由新浪搜索专业编辑挑选和分类的网站结果

三、搜索引擎营销

搜索引擎营销 (search engine marketing，SEM)，就是根据用户使用搜索引擎的方式，利用用户检索信息的机会尽可能将营销信息传递给目标用户。

搜索引擎营销得以实现的基本过程是：企业将信息发布在网站上成为以网页形式存在的信息源；搜索引擎将网站／网页信息收录到索引数据库；用户利用关键词进行检索；检索结果中罗列相关的索引信息及其链接 URL；根据用户对检索结果的判断选择有兴趣的信息并点击 URL 进入信息源所在网页。这样便完成了企业从发布信息到用户获取信息的整个过程，这个过程也说明了搜索引擎营销的基本原理。

搜索引擎营销主要实现方法包括：竞价排名 (如百度竞价)、分类目录登录 (开放目录，www.dmoz.org)、搜索引擎登录、付费搜索引擎广告、关键词广告、TMTW 来电付费广告、搜索引擎优化 (搜索引擎自然排名)、地址栏搜索、网站链接策略等。

利用搜索引擎工具可以实现四个层次的营销目标：

（1）被搜索引擎收录。

（2）在搜索结果中排名靠前。

（3）增加用户的点击（点进）率。

（4）将浏览者转化为顾客。

四、搜索引擎营销的方法

搜索引擎营销的方法有以下五种。

1.搜索引擎登录

所谓搜索引擎登录，是指企业出于扩大宣传的目的，将自己的网站提交到搜索引擎上，让相关的产品和服务信息进入到搜索引擎数据库，以增加与潜在客户通过互联网建立联系的机会，搜索引擎登录页面如图6-1所示。

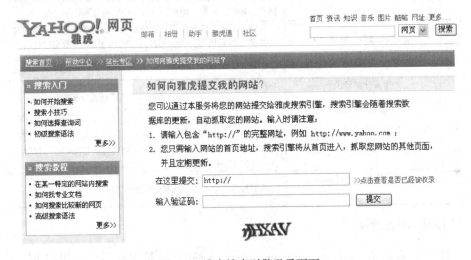

图6-1 雅虎搜索引擎登录页面

搜索引擎登录分为免费与付费两种：

（1）免费登录。这是最传统的网站推广手段。目前绝大多数搜索引擎都还保留有此功能。但是搜索引擎也明确表示对于免费登录的网站，搜索引擎并不一定会收录，同时，即便是被收录，及时性也不能够保证。对于搜索引擎营销而言，免费登录的营销方式已经逐步在退出。

（2）付费登录。类似于免费登录，只不过是当网站缴纳一定的费用之后才可以获得被收录的资格。一些搜索引擎提供的固定排名服务也是建立在收费登录的基础上的。此种搜索引擎营销与网站设计及制作水平没有太大关系，主要取决于费用，只要缴费一般都能被及时收录。同时也可根据需要，付费调整网站在搜索结果中的排名。

2.搜索引擎优化

搜索引擎优化（search engine optimization，SEO）是指通过对网站结构和网站内容等基本要素的优化设计，提高网站对搜索引擎的友好性，使得网站中尽可能多的网页被搜索引擎收录，并且在搜索结果中获得好的自然排名优势，从而通过搜索引擎的自然检索获得更好的营销效果。

搜索引擎优化的目的是提高网站的搜索引擎友好性，从而提高网站被搜索引擎收录的机会以及提高其在搜索引擎中的排名，进而增加网站被搜索引擎呈献给用户的机会。通过这个目的来引导用户点击网站，提高网站的访问量，之后进一步通过将访问量的增加转化为网站效益的增加，从而达到网络营销的最终目的。

搜索引擎优化的主要内容包括如下几方面。

（1）网站结构。除非是大型的网站，中小型网站更适合扁平化的结构。扁平化的网站对网站的发展有积极的推进作用，让浏览者更易了解并找到网站深层的内容。

（2）网站导航。网站导航要清晰明了，易于搜索引擎的爬行程序进行索引收录，最好能制作清晰表明网站结构的网站地图。

（3）页面结构。综合考虑用户体验及搜索引擎友好性，对网页进行适当的调整。

（4）页面内容。标题要包含关键词，但不必罗列过多。页面的内容量要适量，合理的页面容量会提高网页的显示速度，增加对搜索引擎程序的友好程度。

3. 竞价排名

竞价排名由百度在国内首推，现在已被大多数搜索引擎所使用。搜索引擎竞价排名是指由用户（通常为企业）通过竞价为自己的网站或产品网页出资购买关键字排名。按照付费最高者排名靠前的原则，对购买了同一关键词的网站根据用户出价的多少由高到低排列在该关键词的搜索结果中。竞价排名一般采取按点击收费的方式。目前关键词竞价排名成为一些企业利用搜索引擎营销的重要方式。

4. 关键词广告

关键词广告是当用户利用某一关键词进行检索时，在检索结果页面会展示与关键词相关的广告内容。它是付费搜索引擎营销的另一种形式，与竞价排名不同的是，关键词广告并不在自然检索结果的前部出现，而是出现在检索结果页面的特定部位（一般为页面的右边）。Google 的关键词广告称为 AdWords，2003 年开通了中文关键词广告业务，广告客户可以自助投放关键词广告，整个过程高度智能化。

5. 网页内容定位广告

网页内容定位广告是关键词广告搜索引擎营销模式的进一步延伸，广告载体不仅是搜索引擎搜索结果的网页，而且还延伸到这种服务的合作伙伴的网页。

搜索引擎 Google 从 2003 年 3 月 12 日开始正式推出按内容定位的广告。按照 Google 的说明，这项服务是将通过关键词检索定位的广告显示在 Google 之外的相关网站上，它可以在网站的内容网页上展示相关性较高的 Google 广告，并且这些广告不会过分夸张醒目。由于所展示的广告同网站上查找的内容相关，因此，网页内容广告不仅会带来经济效益，还能够得到内容的充实。

任务实施

利用搜索引擎网络推广

搜索引擎推广的形式很多，并且更新速度快，但推广方式的核心却是相对恒定的。

1. 在主要搜索引擎进行登录

这种形式的主要操作方法是：在主要搜索引擎上找到网站登录的链接，将网站或相关网页信息进行提交，搜索机器人 (robot) 将自动索引所提交的网页。这些主要的搜索引擎向其他搜索引擎和门户网站提供搜索内容。通常来说，若针对的是海外推广，应主要使用 Google、Yahoo，或是其他国家本土相关搜索引擎；若针对的是国内推广，则应主要使用百度。如图 6-2 和图 6-3 所示即为 Google、百度的网站收录页面。

Google 将网址添加到 Google

主页

关于 Google

广告计划

商务解决方案

网站管理员信息

提交您的网站

在本网站查找：

[搜索]

与我们共享您的网址。

我们每次抓取网页时都会向索引中添加并更新新的网站，同时我们也邀请您提交您的网址。我们不会将所有提交的网址都添加到索引中，也无法预测或保证这些网址是否会显示以及何时会显示。

请输入完整的网址，包括 http:// 的前缀。例如：http://www.google.cn/。您还可以添加评论或关键字，对您网页的内容进行描述。这些内容仅供我们参考，并不会影响 Google 如何为您的网页编排索引或如何使用您的网页。

请注意：您只需提供来自托管服务商的顶层网页即可，不必提交各个单独的网页。我们的抓取工具 Googlebot 能够找到其他网页。Google 会定期更新它的索引，因此您无需提交更新后的或已过期的链接。无效的链接会在我们下次抓取时（即更新整个索引时）淡出我们的索引。

网址：http://www.gogo-le.com

评论：网上商城

可选：为便于我们区分手动提交的网站与机器人软件自动输入的网站，请在下面的框中键入此处显示的不规则的字母。

其他选项

立即在 Google 上发布广告

使用 AdWords 创建属于自己的针对性广告。通过信用卡付款，您今天就可以在 Google 上看到您的广告。

针对网络发布商的 Google AdSense

发布与您的内容匹配的广告，帮助访问者找到相关的产品和服务，并最大限度地提高您的广告收入。了解详情。

具有 Google 品质的网站搜索

使用 Google Search Appliance 或 Google

图 6-2　Google 网站收录页面

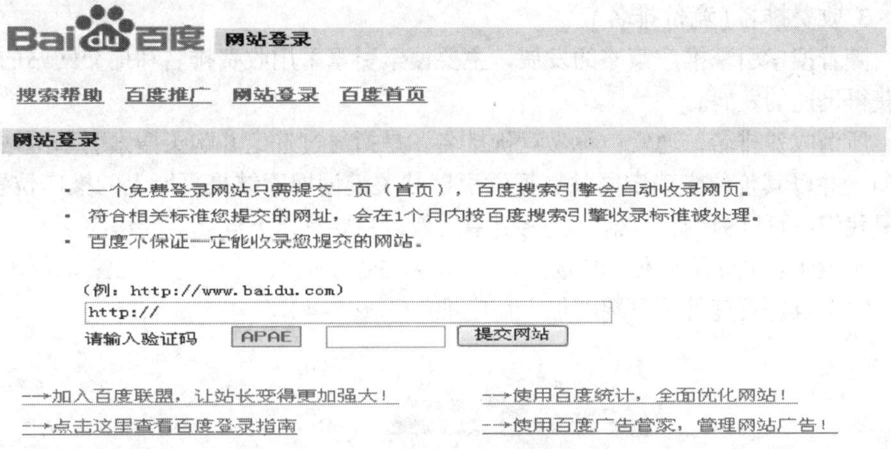

搜索帮助　百度推广　网站登录　百度首页

网站登录

- 一个免费登录网站只需提交一页（首页），百度搜索引擎会自动收录网页。
- 符合相关标准您提交的网址，会在1个月内按百度搜索引擎收录标准被处理。
- 百度不保证一定能收录您提交的网站。

（例：http://www.baidu.com）

http://

请输入验证码　APAE　[＿＿＿＿＿＿]　[提交网站]

→加入百度联盟，让站长变得更加强大！　　　→使用百度统计，全面优化网站！
→点击这里查看百度登录指南　　　　　　　　→使用百度广告管家，管理网站广告！

图6-3　百度的网站收录页面

2. 提高在搜索引擎中的排名

在主要搜索引擎中排名领先是搜索引擎推广中最重要的策略，也是搜索引擎优化的结果，提高被推广对象在主要搜索引擎中排名的方法如下：

（1）利用关键词。即对关键词的优化，可以利用热门关键词，并且掌握好被推广网页的关键词密度(即一个页面中，关键词占该页面帖的文字的比例)，通常关键词密度在1% ~ 7%最为合适；自己的网页尽量与热门关键词关联；还可以利用添加网页标题(title)、添加描述性 META 标签、在网页粗体文字中添加关键词、在正文第一段添加关键词、为重要关键词制作专门的页面等方法提高被推广对象在搜索引擎中的排名。

（2）优化域名。包括对域名的选择和命名。比如为域名选择单独的入口地址，尽量在域名中加入易搜索的关键词。

（3）为网站(被推广对象)创建好的内容。即有了好的内容，才有可持续发展的基础。

另外，搜索引擎主要理解文本，所以应尽量创建文本形式的内容。

（4）使网站(被推广对象)方便阅读。即对网页设计的优化，这个方便阅读并非指受众对网页的感观阅读，而是指搜索引擎对网页的阅读。比如，每个页面的标题应该是唯一的，并且确保能够正确描述所指定网页的内容；再比如，在制作网页的过程中，使用动态的 Flash 或其他的 Js 脚本都有可能发生错误，所以应尽量保持 HTML 的简洁性，使每一个页面都能够做到稳定、快速地被读取。

（5）对网站(被推广对象)进行宣传。包括对链接策略的优化，可使用与其他网站交换链接、在搜索引擎上做广告等许多宣传方式去推广网站，使网站排名在搜索引擎中逐渐提高。

3.收费排名(竞价排名)

随着搜索引擎推广策略的发展，主要搜索引擎采用收费排名和提交网站的方法获得迅速的发展。

所谓收费排名，通常被称做竞价排名，是指通过选定并购买搜索引擎网站关键词，并以其价位来确定网站在搜索引擎某关键词搜索结果页面上的推广位置。这里我们以百度为例，其他的搜索引擎类似，主要有以下问题需要解决：

步骤1：注册百度推广账号

（1）点击百度首页下端的加入百度推广（图6-4）。

图6-4　百度首页

（2）进入百度推广后点击顶部导航条中的在线申请(图6-5)。

图6-5　百度在线申请

（3）填写注册信息(图6-6)。

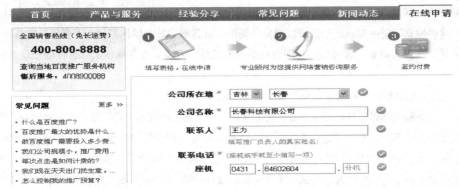

图 6-6 填写注册信息

（4）确认注册信息。

步骤2：选择合适的关键词

（1）选择合适的关键词，可以选择工具栏目中关键词推荐工具帮助选择；

（2）在给出的推荐结果中选择适合的关键词。

步骤3：撰写推广信息

步骤4：设定点击价格，点击确认后进行推广

步骤5：利用百度提供的其他服务进行推广

除了竞价排名外，百度在对搜索结果进行排名时，会把自己的产品排在前面，如百度知道、百度贴吧、百度空间等。

步骤6：推广效果测试

经过搜索引擎推广和搜索引擎主动收录以后，我们可以测试某个搜索引擎对网站的收录情况。网站被收录的页数是推广效果的一个指标。

拓展知识

搜索引擎营销让奥巴马大放异彩

47岁、黑人后裔、毫无从政经验……如果不是大选结果已产生，麦凯恩怎么也不会想到打败他的竟然是这样一个充满"弱点"的对手。美国大选历来都是全球最激动人心的营销活动，而对搜索引擎营销的应用正是奥巴马连续淘汰希拉里、麦凯恩等强有力竞争对手的法宝之一。

可以说，奥巴马显然比至今仍不知道如何上网的麦凯恩更懂得"网"络民心，比IBM式的希拉里更有亲和力。正是搜索引擎营销等出色的互联网营销让奥巴马大放异彩。

关键词购买——搜索引擎广告的精准狙击

大家广为熟悉的搜索引擎广告也没有被奥巴马忽视。奥巴马购买了Google的"关键词广告"。如果一个美国选民在Google中输入了奥巴马英文名字Barack Obama，搜索结果页面的右

侧就会出现奥巴马的视频宣传广告以及对竞争对手麦凯恩政策立场的批评等。

奥巴马购买的关键字还包括热线话题，如"油价"、"伊拉克战争"和"金融危机"等。上网一搜，就可以马上知道奥巴马对这些敏感问题的观点评论，有助于人们更好地了解奥巴马对这些敏感问题的观点评论。可以想象，美国人日常搜索的关键词都打上了奥巴马的烙印，想不关注奥巴马都难。这可难为了同台竞争的麦凯恩，麦凯恩在互联网上就这样轻松地被狙击了。

搜索引擎优化——Google 优化—SEO 技术不断深入

大家都知道搜索引擎优化（SEO）在美国是一项很先进的技术，我们可以看到通过与奥巴马相关的评论观点及事实评论在 Google 上左侧排名中都有相关的网站介绍，通过关键词搜索，我们很容易看到诸多奥巴马的正面评论。再看这位伟大的网络营销"领袖"在世界上最大的搜索引擎——Google 上约有 4790000 项符合 Barack Obama 的查询结果。真是太不可思议了！

精打细算——Google 效果付费广告形式

奥巴马的营销预算：

超过一半的网络预算投放到 Google 搜索引擎广告，其次是 Yahoo。

仅仅 2008 年 1～4 月，奥巴马就花费了 347 万美元做网络广告，其中 82% 用于 Google 的 Ad Words 平台，大约为 280 万美元（美国联邦竞选委员会数据）。

在 2008 年上半年，奥巴马在搜索引擎上的广告费用超过了 300 万美金，占了他整个网络营销费用的 82%。利用这逾 300 万美金，奥巴马购买了 Google "关键词广告"，通过 Google 的 Ad Words 平台投放了大量展示广告。

奥巴马的募款共计 6.4 亿美元，其中 87% 通过互联网募集得到，而且更是将 82% 的网络营销费用投放到搜索中，Google CEO 施密特和 Facebook 创始人克里斯·休斯也被"特聘"为其网络营销顾问。

奥巴马在广告投放方面十分精明。主要依赖按效果付费的广告形式，以提高 ROI（回报率）并降低 CPC（点击成本），比在大流量网站如 CNN 做传统条幅广告要便宜得多。

由于 Google "关键词广告"价格由点击率和关注度决定，奥巴马又获得了很大的优势：因为奥巴马在互联网上比竞争对手麦凯恩更受欢迎，所以关键字"奥巴马"在 Ad Words 投放一天的广告价仅为 150～240 美元，而麦凯恩却要花费 250～470 美元。

尽管相比于美国大选中近 30 亿的广告费用支出，互联网广告领域数百万美元的支出只是小数字，但相比于其他广告形式，搜索引擎广告形式无疑覆盖率更高，而且更精准、实惠。甚至有"四两拨千斤"的效果。

在硅谷公司捐赠竞选资金数这一项中，奥巴马总共获得 1434719 美元。而他最大的竞争对手麦凯恩只有 267041 美元。在 Google 趋势曲线中，"奥巴马"的检索量和新闻引用量均一路领先于"麦凯恩"，且前者是后者的 3 倍。

奥巴马可以说是第一位真正借助互联网成功当选的美国总统。

"我命令你们，四个月的时间，花掉这 300 万美金。全部用到搜索引擎上。"在过去的两年中，Google、Yahoo 比任何一个代言人都不厌其烦地将这些信息传递给选民。通过搜索引擎，人们逐渐认识了这个出生在夏威夷的黑人小伙。奥巴马十分懂得一个道理：搜索引擎决定"你是谁"，而"你是谁"很大程度决定了未来的美国总统是谁。

案例启示：以小搏大的营销之道

对于奥巴马来说，此次竞选途中面临的最大问题就是如何"以小搏大"——如何在知名度不高、竞争激烈、预算经费有限的情况下，最大限度地覆盖到目标群，同时又可以精准有效地掌控推广效果，聪明的他选择了网络这个新时代的营销利器，而其中，覆盖率高而又精准、实惠的搜索引擎无疑是十分有效的方式。可以说，奥巴马的成功，给全球所有跟当初的奥巴马一样"弱势"的中小企业一个启示：互联网和搜索引擎，将成为他们"以小搏大"、摆脱经济寒流的有效营销工具。

在金融危机下，经济减速反而会推动搜索营销市场的增长。由于经济环境的恶劣，手头拮据的企业开始寻找更加有效的营销方式，按效果付费，覆盖率更广、更精准、可控制的搜索引擎，更适合中小企业进行推广。

显然，对于企业而言，如何向奥巴马学习搜索引擎营销，把握新营销时代的精髓，将是它们未来很长一段时间内的首要任务。

来源：《实战网络营销 最佳网络营销案例全解读》

复习思考题

1. 简述搜索引擎的含义。
2. 搜索引擎营销方法有哪些？

技能训练

参与关键词竞价排名

根据该公司的产品特色，确定相应的搜索关键词查看公司网站在搜索引擎中的表现，并作出判断该公司是否应参与关键词竞价。如果要参与关键词竞价，请设计参与竞价的关键词。

进入 http://www.baidu.com/home/register1.php，关键词排名客户账号，注册成功后在竞价排名用户管理系统中提交关键词、网站标题及描述等信息（图 6-7）。

图 6-7　填写竞价排名相关信息

进入 http://jingjia.baidu.com，注册相关信息后就可以购买百度火爆地带的关键词
广告（图 6-8）。

图 6-8　购买百度火爆地带的关键词

任务三　利用网络广告进行网络推广

任务分析

目前网络广告的市场正在以惊人的速度增长，网络广告发挥的效用越来越显得重要，以致广告界甚至认为互联网络将超越路牌，成为传统四大媒体（电视、广播、报纸、杂志）之后的第五大媒体。因而众多国际级的广告公司都成立了专门的"网络媒体分部"，以开拓网络广告的巨大市场。

相关知识

一、网络广告的概念

网络广告就是在网络上做的广告，主要是通过利用网站上的广告横幅、文本链接、多媒体等方法，在互联网刊登或发布广告，通过网络传递到互联网用户的一种高科技广告运作方式。与传统的四大传播媒体（报纸、杂志、电视、广播）广告及近来备受垂青的户外广告相比，网络广告具有得天独厚的优势，是实施现代营销媒体战略的重要部分。互联网是一个全新的广告媒体，速度最快而且效果很理想，是中小企业扩展壮大的很好途径，对于广泛开展国际业务的公司更是如此。

二、网络广告的形式

1. 网幅广告 (包含 Banner、Button、通栏、竖边、巨幅等)

网幅广告是以 GIF、JPG、Flash 等格式建立的图像文件，定位在网页中大多用来表现广告内容，同时还可使用 Java 等语言使其产生交互性，用 Shockwave 等插件工具增强表现力。我们可以把网幅广告分为三类：静态、动态和交互式（图6-9 ）。

图 6-9　网幅广告

2. 文本链接广告

文本链接广告是以一排文字作为一个广告，点击可以进入相应的广告页面。这是一种对浏览者干扰最少，但却较为有效果的网络广告形式。有时候，最简单的广告形式效果却是最好的（图 6-10 ）。

图 6-10　文本链接广告

3. 电子邮件广告

电子邮件广告具有针对性强（除非你肆意滥发）、费用低廉的特点，且广告内容不受限制。特别是针对性强的特点，它可以针对具体某一个人发送特定的广告，但首先需要收集接收者的电子邮件地址，收集方法包括：自己收集电子邮件地址、购买没有分类或分过类的电子邮件地址。在收集了一定的电子邮件地址后，按照被推广对象的推广内容有针对性地建立邮件列表，有规律地发送相关新闻、产品信息等，以加深受众对被推广对象的印象，扩大被推广对象的影响力，为其他网上广告方式所不及（图 6-11）。

图 6-11　电子邮件广告

4. 按钮广告

按钮广告也称为图标广告，其脱胎于旗帜式广告，尺寸小于旗帜式广告。每一个按钮的表现内容比较灵活（图 6-12）。

图 6-12　按钮广告

5. 赞助式广告

赞助式广告是网络广告形式的一种。赞助有三种形式：内容赞助、节目赞助与节日赞助。广告主可对自己感兴趣的网站内容或节目进行赞助，或在特别时期（如澳门回归、世界杯）赞助网站的推广活动（图6-13）。

图6-13　赞助式广告

6. 与内容相结合的广告

广告与内容的结合可以说是赞助式广告的一种，从表面上看起来它们更像网页上的内容而并非广告。在传统的印刷媒体上，这类广告都会有明显的标示，指出这是广告，而在网页上通常没有清楚的界限。

7. 插播式广告（弹出式广告）

访客在请求登录网页时强制插入一个广告页面或弹出广告窗口。它们有点类似电视广告，都是打断正常节目的播放，强迫观看。插播式广告有各种尺寸，有全屏的也有小窗口的，而且互动的程度也不同，从静态的到全部动态的都有。浏览者可以通过关闭窗口不看广告（电视广告是无法做到的），但是它们的出现没有任何征兆，而且肯定会被浏览者看到（图6-14）。

图6-14　插播式广告

8. 主页型广告

许多企业或产品将所要宣传推广的信息做成网页，对其进行详细介绍，即为主页型广告推广。如图所示，为海尔集团的主页，该主页对海尔集团的各方面业务做了详尽的介绍（图 6–15）。

图 6–15   主页型广告

9. 关键字广告

所谓的关键字广告就是每则广告都会提供一些关键字，当你使用搜索引擎(例如国内最常见的搜索引擎广告媒体有百度、谷歌、中国雅虎、搜狐、搜狗、网易有道等)搜索到这些关键字的时候，相应的广告就会显示在某些相关网站的页面上，这样的优点是快捷、灵活、迅速的方式给客户以大量的相关信息。

关键字广告是一种文字链接型网络广告，通过对文字进行超级链接，让感兴趣的网民点击进入公司网站、网页或公司其他相关网页，实现广告目的。链接的关键字既可以是关键词，也可以是语句。

除此之外，还有图片广告推广、浮动式广告推广、视频广告推广、新闻组广告推广、屏保广告推广等形式，因教材篇幅有限，不再一一介绍。

三、网络广告的特点

网络广告是广告主以付费方式，运用网络媒体传播企业或产品信息，宣传企业形象的活动。与传统广告相比，网络广告具有以下几个特点。

1. 突破时空界限，传播范围广

网络广告的传播不受时间和空间的限制，互联网使企业能够 24 小时不间断地将广告信息传播到全球，只要具备上网条件，任何人在任何时间、任何地点都可以看到这些信息，这是其他广告媒体无法实现的。

2. 具备较好的互动性和选择性

互动性是网络广告最显著的优势。网络广告的载体基本上是多媒体、超文本格式文件，这种交互式的页面能够使访问者对广告信息进行详细、深入全面的了解。对于感兴趣的产品，消费者还可以通过在线提交表单或发送电子邮件等方式，向厂家请求特殊咨询服务。同时，消费者可以根据兴趣和需要主动搜索并选择网络广告信息，这样的消费者往往带有明确的目的性，提高了广告的促销效果。

3. 网络广告的目标性、针对性强

网络广告的受众是年轻、有活力、接受过良好教育并具有较强购买力的群体，因此，企业可以根据这部分受众的特点，发布针对性高的广告。同时，企业可以通过对网络用户的细分锁定明确的广告目标市场。通过互联网，企业能够把适当的信息在适当的时间和适当的地方发送给适当的人，这种目标性和针对性使企业能够以较低的营销成本取得较好的营销效果。

4. 内容丰富，发布灵活，易于实时修改

网络广告的内容非常丰富，其承载的信息量大大超过传统印刷宣传品。采用多媒体技术制作的网络广告，可以以图、文、声、像等多种形式，生动形象地将产品信息展示给访问者。同时，网络广告可以按照企业的需要及时变更广告内容，而不会产生诸如在传统媒体上发布广告后因修改而付出的高昂成本。

5. 受众数量可准确统计

受到技术条件的限制，传统媒体广告的发布者无法得到有关广告效果的准确数据，而网络广告的发布者则可以借助网络监控工具，获得庞大的用户跟踪信息库，从中找到各种有用的反馈信息。也可以利用服务器端的访问记录软件，获得访问者的详细记录和行为资料，例如单击的次数、浏览的次数以及访问者的身份、查阅的时间分布和地域分布等。这些精确的统计有助于企业评估广告发布的效果，并找出无效广告的原因，及时采取措施改进广告的内容、版式，加快更新速度，进一步提高广告的效益，并据此调整市场策略和广告策略。

四、网络广告推广

网络广告推广是指通过在互联网站点上发布的各种网络广告，达到推广目的的网络推广方式。从广义上讲，一切通过互联网的各种技术表现形式，对被推广对象进行宣传的过程与方法都是网络广告推广。该方法适用于企业、产品推广、网站推广、品牌建设等。

由于网络的空间几乎是不受限制的，而且价格也低廉，网络广告推广方式的好处显而易见，例如，具有多媒体、超文本特点的多维优势；庞大的、有针对性的受众群体；成本低、制作周期短、随地变更内容；信息互动性和超链接带来的纵深性、完善的统计功能所决定的跟踪统计推广效果的优势、可重复性和可检索性的特点等。

网络广告的发布

网络广告的发布途径有很多，企业应根据自身的需要，从中选择一种或几种形式以取得最佳效益。

1. 利用企业的网站发布广告

利用自己网站发布广告是最常用的发布网络广告的方式之一。对于大多数企业来说，是一种必然的趋势。这不但是一种企业形象的树立，也是宣传产品的良好工具。实际上，在互联网上做广告，归根到底要设立企业自己的网站。其他的网络广告形式，无论是黄页、工业名录、免费的互联网服务广告，还是电子公告板、新闻组，都是提供一种快速链接至公司网站的形式，所以说，在互联网上做广告，建立企业的 Web 主页是最根本的。

2. 利用著名网站发布广告

这也是目前常用的网络广告发布方式。互联网上的网站成千上万，为达到尽可能好的效果，应当选择合适的网站来投放自己的广告，下面两条可作为选择投放广告网站的基本原则：

（1）选择访问率高的网站。互联网上有许多访问流量较大的网站，它们一般都是些搜索引擎或较有影响的 ICP。其中，搜索引擎可作为首选网站，如 Yahoo!、Sohu 等，这些网站的访问流量每天高达几万甚至几十万。好的搜索引擎能够将成千上万从未造访过你的网站的网民吸引过来。需要指出的是，现在许多导航网站都提供了很多供客户发布广告的展位。在搜索引擎中投放广告，受众覆盖面广，数量大，但美中不足的是由于搜索引擎所涉及的信息具有很大的综合性，因此，其中的很多受众可能与你无关，而且在这些网站上发布广告的费用也较高。

（2）选择有明确受众定位的网站。互联网上还有许多专业性的网站，其特点是访问人数较少，覆盖面也较窄，但访问这些网站的网民可能正是广告的有效受众。从这个角度看，有明确受众定位的网站其有效受众量不一定比搜索引擎少。因此，选择这样的网站放置广告，获得的有效点击次数甚至可能超过搜索引擎，正所谓"小市场大占有率"。

3. 在搜索引擎上发布关键词广告

关键词广告，也可称为搜索引擎广告、付费搜索引擎关键词广告等。关键词广告让付费公司有权根据用户在搜索引擎上输入的查询关键词，在查询结果中刊登自己的广告。现在主要的搜索引擎，不论是 Google、雅虎、美国在线，还是微软的 MSN 都对外出售关键词，因此关键词广告是最有影响力的付费搜索引擎的营销方法之一。

不同的搜索引擎对关键词广告信息的处理方式不同，有的将付费关键词检索结果出现在搜索结果列表的最前面，也有出现在搜索结果页面的专用位置上的关键词广告。Google 的关键词广告称为 Adwords，2003 年中期开通了中文关键词广告业务，广告用户可以自助投放关键词广告，整个过程完全电子商务化，用户的后台操作和关键词广告管理高度智能化。

4. 在服务商网站的黄页上做广告

在雅虎等专门提供检索服务的网络服务商站点上，查询是按照类别划分站点的，站点的排布形式如同电话黄页一般。这些网站会在网页上为企业留有发布广告的位置，企业可以在此发布相关的广告。由于查询结果是按照关键字出现的，因此在这些位置上发布广告，具有很强的针对性。

5. 加入企业名录链接自己广告

一些政府机构或行业协会网站会将一些企业的信息吸收进他们的网站主页中。例如，由国家发展和改革委员会主管，中国信息协会担任指导单位的中国工商网网站主页中就有"企业网站特别推荐"栏目，栏目以滚动名录的方式展示企业的名称，点击企业名称后可以直接链接到企业的网站主页上。

6. 利用虚拟社区

任何用户只要遵循一定的礼仪都可以成为网上虚拟社区的成员，并可以在上面发表自己的观点和见解，因此，可以在虚拟社区发表与公司产品相关的评论和建议，起到良好的免费宣传作用。但要注意，应该严格遵守相关的网络礼仪。

7. 利用新闻组

新闻组与电子公告栏相似，有明确主题范围的讨论组是一种很好的讨论交流和分享信息的平台。新闻组严格按内容分类，企业可以采用在相应类别新闻组发起关于产品讨论话题的方式进行广告宣传。这种方式广告形式隐藏不易造成反感，传播效果好。

8. 利用电子邮件或邮件列表

企业可以像传统营销中发送邮寄广告一样以 E-mail 的方式向网上用户发送产品或服务的信息。邮件列表是在向用户提供有价值信息的同时附带一定的产品或服务的信息。虽然两者在操作策略上略有不同，但是没有本质的区别。在利用电子邮件发送广告时应注意：要事先得到用户的许可，如利用注册会员的方式；在发送的 E-mail 邮件广告时应明确发件人的地址，允许用户拒绝接收邮件。

企业通过互联网发布广告的方法还有赞助式广告、电子杂志、电子公告板等，随着网络新技术的不断开发，会有更新的发布形式供企业选择，企业应根据整体经营战略、企业文化和广告需求，正确选择广告发布形式。

拓展知识

网络广告的发展趋势

互联网技术及其应用已经把全球带入新的网络经济时代，经济全球化和网络信息化正在明显加快，并向纵深发展。网络广告以其独有的优势深深地吸引着顾客和企业。一方面，网络追求高速度、高可靠性和高安全性，采用多媒体技术，提供文字、声音、图像等综合性服务。另一方面，开放式的网络体系结构，使不同硬件、软件、数据格式的信息通过网络协议进行互联，让信息可以传递到更远的地方。所以网络广告借助网络和多媒体技术的无穷魅力，给企业和消费者带来了更多的经济、社会和心理享受，展现出了无限的发展前景。未来，广告发展将呈现以下趋势。

1. 网络广告将更具有创意性

网络广告除了适当的理性渲染之外，将借助多媒体技术的魅力，更加注重广告制作的创意性。在表现方式上将营造更强的品牌效应，如更多地采用一些动态的效果；表现内容上将更多地使用各种技巧，如采用个性化定制广告、搜索引擎广告、网络游戏广告等，将更多的创意融入网络广告之中，以吸引浏览者的目光。

2. 网络广告将更强调并利用交互性

交互性可以说是网络广告与其他媒体广告相比，最具有差异性的优势。随着互联网技术的发展，浏览者会更多地介入到传播的过程中来，网络广告也将减少"强势推销"的态势，成为拉近与客户距离的利器，将消费者融入传播中来，减少传播过程中不适应性，进行有针对性的传播。

另外，网络广告还可以将其他促销方式结合在一起，实现更大范围和更有效的整合营销。通过网络广告的交互性，让这些促销方式能够真正为消费者所接受，同时了解消费者真正的需求。当然这种交互性还将表现在电子商务中，即最终体现"一对一营销"的魅力。

3. 网络广告将更具有经济性

随着网络技术向纵深发展，网络广告将更多地利用数据库技术，实现更有效、更有针对性的传播，提高网络广告传播的性价比。另外网络广告会随着交换平台的日益广泛和网络接收设备的日益普及传递到更远的地方。

4. 网络广告将走向规范化、法制化

网络广告要发挥更大的效用，除了网络广告的创意、制作技术、发布技术需要改进和提高以外，还需要进行网络广告的规范化管理，以维护企业和消费者的合法权益。网络广告的规范化管理一方面需要国家相关部门特别是立法机构建立、健全相关的法律法规，行业机构建立行业规范。另一方面，网站自身也应该加强网络广告的规范和管理，进行有序、良性竞争，特别是加强相关从业人员的培训和管理。

复习思考题

1. 什么是网络广告？
2. 网络广告的形式有哪些？
3. 网络广告发布的途径有哪些？

网络广告的发布

1. 分析广告发布形式

请登录国内三大门户网站"新浪 (http://www.sina.com.cn/)、网易 (http://www.163.com/) 与搜狐 (http://www.sohu.com/)"的首页，并将其内容进行保存。分析广告发布的形式。如图 6–16、图 6–17、图 6–18 所示。

图 6–16　新浪首页网络广告

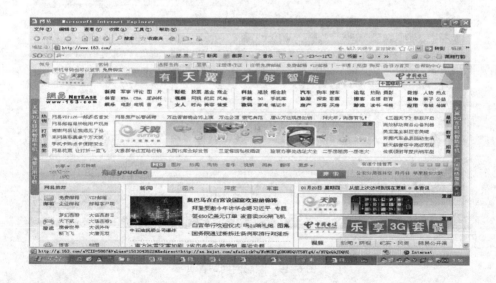

图 6–17　网易首页网络广告

2. 发布产品广告信息

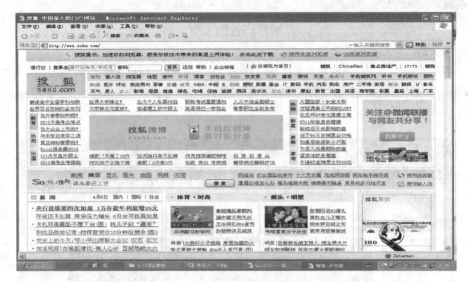

图6-18　搜狐首页网络广告

下面以慧聪网 http://www.hc360.com/ 为例,体验网络广告发布的过程。

(1)登录慧聪网,进入网站首页,如图6-19所示。

图6-19　慧聪网网站首页

(2)单击"免费注册会员"按钮,进入免费注册会员页面,填写相应信息注册为慧聪网会员,如图6-20所示。

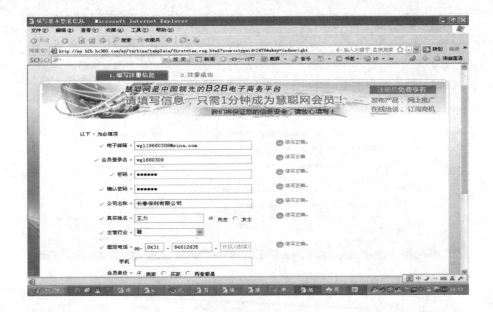

图 6-20　注册会员页面

（3）成为会员后，就可以进行发布信息，如图 6-21 所示。

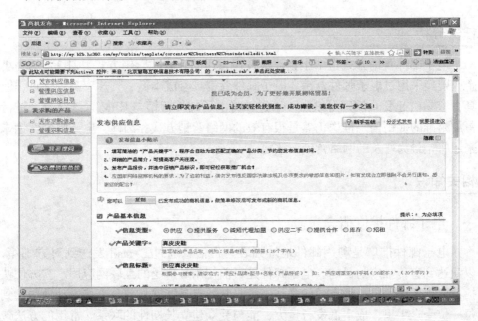

图 6-21　发布信息

（4）按照页面的信息填写你所要发布的产品基本信息，填写完毕，点击提交，发布成功（图 6-22）。

图 6-22　信息发布成功

任务四　利用电子邮件推广

任务分析

　　电子邮件营销方式是中小企业最普遍采用的互联网营销方式，21.3% 的中小企业曾经采用过电子邮件营销。电子邮件营销具有成本低、到达率高等优点，但具有容易引起受众反感等缺点。不过，将电子邮件营销与 CRM 系统结合，进行更加精准的促销信息推送仍然是很有效的网络营销方式。因此，电子邮件营销未来还将是最为普及的网络营销方式之一。

相关知识

一、电子邮件推广概念

　　电子邮件推广是利用邮件地址列表，将信息通过 E-mail 发送到对方邮箱，以期达到宣传推广的目的。电子邮件是目前使用最广泛的互联网应用。它方便快捷，成本低廉，是一种有效的联络工具。其特点是能够将信息直接主动地送达到每一位受众手里，成本低发行量大，能与受众建立长期性的联系。常用的方法包括新闻邮件、电子刊物、电子邮件广告、会员通信、新产品通知、优惠促销信息、重要事件提醒服务、售后服务等。

　　通过电子邮件推广产品，必须要谨慎，注意尊重客户，减少广告对用户的打扰。如果不考虑客户的感受，滥发邮件，容易造成客户反感，反而造成负面的影响。现在国内外都在逐步立法禁止电子邮件的滥发。

电子邮件推广，要注意以下几点：

（1）发送的对象要有针对性，对潜在客户定位准确性高。

（2）把握发送的频率。

（3）认真仔细编写邮件的内容，要简短有说服力。

（4）注意休现亲和力和吸引力。

二、电子邮件营销的主要功能

电子邮件营销除了产品／服务的直接推广功能之外，在顾客关系、顾客服务、企业品牌等方面都具有重要作用，其主要功能可归纳为八个方面：品牌形象、产品／服务推广、顾客关系、顾客服务、网站推广、资源合作、市场调研、增强市场竞争力。

1. 品牌形象

电子邮件营销对于企业品牌形象的价值是通过长期与用户联系的过程中逐步积累起来的，规范的、专业的电子邮件营销对于品牌形象有明显的促进作用。品牌建设不是一朝一夕的事情，不可能通过几封电子邮件就完成这个艰巨的任务。因此，利用企业内部列表开展经常性的电子邮件营销具有更大的价值。

2. 产品／服务推广

产品／服务推广是电子邮件营销最主要的目的之一。因为电子邮件营销具备质优价廉、针对性强、效果好的优势，因此使用电子邮件营销不仅可以一对一地推广到用户终端，有时候还可能直接产生交易，有些企业甚至用直接销售指标来评价电子邮件营销的效果。尽管这样并没有反映出电子邮件营销的全部价值，但也说明营销人员对电子邮件营销的产品／服务功能有很高的期望。

3. 顾客关系

电子邮件首先是一种互动的交流工具，然后才是其营销功能，这种特殊功能使得电子邮件营销在顾客关系方面比其他网络营销手段更有价值。与电子邮件营销对企业品牌的影响一样，顾客关系功能也是需要与用户之间的长期沟通才能充分发挥出来的，内部邮件列表在增强顾客关系方面具有独特的价值。

4. 顾客服务

电子邮件不仅是与顾客沟通的工具，在电子商务和其他信息化水平比较高的领域，它同时也是一种高效的顾客服务手段，通过内部会员通信等方式提供顾客服务，可以在节约大量的顾客服务成本的同时提高顾客服务质量。

5. 网站推广

企业通过电子邮件可以主动向用户推广网站，并且推荐方式比较灵活，既可以是简单的广告，也可以通过新闻报道、案例分析等方式出现在客户邮件的内容中，获得读者的高度关注。

6. 资源合作

经过用户许可获得的电子邮件地址是企业的宝贵营销资源，可以长期重复利用，并且在一定范围内还可以与合作伙伴进行资源合作，如相互推广、互换广告空间等。企业的营销预算总是有一定限制的，充分挖掘现有营销资源的潜力，可以进一步扩大电子邮件营销的价值，让同样的资源投入产生更大的收益。

7. 市场调研

电子邮件营销中的市场调研功能可以从两个方面来说明：一方面，可以通过邮件列表发送在线调查问卷。同传统调查中的邮寄调查表的道理一样，将设计好的调查表直接发送到被调查者的邮箱中，或者在电子邮件正文中给出一个网址链接到在线调查表页面，这种方式在一定程度上可以对用户成分加以选择，并节约被访问者的上网时间，如果调查对象选择适当且调查表设计合理，往往可以获得相对较高的问卷回收率。另一方面，也可以利用邮件列表获得第一手调查资料。一些网站为了维持与用户的关系，常常将一些有价值的信息以新闻邮件、电子刊物等形式免费向用户发送，通常只要进行简单的登记即可加入邮件列表，如各大电子商务网站初步整理的市场供求信息、各种调查报告等。将收到的邮件列表信息定期处理是一种行之有效的资料收集方法。

8. 增强市场竞争力

在所有常用的网络营销手段中，电子邮件营销是信息传递最直接、最完整的方式，可以在很短的时间内将信息发送到列表中的所有用户，这种独特功能在风云变幻的市场竞争中显得尤为重要。电子邮件营销对于市场竞争力的价值是一种综合体现，也可以说是前述七大功能的必然结果。充分认识电子邮件营销的真正价值，并用有效的方式开展电子邮件营销，是企业营销战略实施的重要手段。

三、实施电子邮件营销应注意的问题

现在传统营销正逐步向网络电子营销发展，而网络电子营销也日益与传统营销相结合，要想有效地发挥电子邮件营销功能，必须将电子邮件营销与传统营销相结合。

企业要成功地进行电子邮件营销，并充分发挥其应有的作用，还应注意以下几个事项。

1. 进行许可电子邮件营销

许可营销就是企业在推广其产品或服务时，事先征得顾客的许可，通过电子邮件的方式向许可的潜在顾客发送产品或服务信息。

许可营销的主要方法是通过邮件列表、新闻邮件、电子刊物等形式，在向用户提供有价值信息的同时附带一定数量的商业广告。

许可营销比传统的推广方式或未经许可的电子邮件营销具有明显的优势，有助于顾客在网上寻找产品，减少广告对用户的滋扰，增加潜在客户定位的准确度，增进与客户的关系、品牌忠诚度等。

2. 制定系统的营销方案

目前，许多企业电子邮件营销手段就是自行收集或者向第三方购买电子邮件地址，大量发送未经许可的电子邮件，对自己网站的注册用户没有计划地频繁发送大量促销信息，又不明确给出退订方法。

有的公司虽然根据基于许可的方式建立了邮件列表并拥有一定数量的用户，但邮件列表质量不高，订阅者的阅读率不高，大部分邮件列表订户数量很少。

所以，不管是传统营销，还是网络电子营销，都应该有系统的营销方案，必须明确目标定位。如果企业得到用户资源后，也不管是不是自己的目标受众，不加区分地发送垃圾邮件，这样的营销肯定不会有效果。

3. 对常见问题有统一的答复

不同的潜在顾客，通常会询问一些类似的问题。对此，通常有三种高效处理的方式：①在你的网站上，开辟一个"常见问题解答（FAQ）"区域；②利用大多数电子邮件软件设有的模块工具，创建一个这样的FAQ文件。在你收到有这些常见问题时，你只需将这个预设好的文件发出去即可；③设立一个自动回复器。

4. 恰当处理顾客意见

企业业务经营得再好，也不可能十全十美，也就是说，总会有顾客（或潜在顾客）给你提一些意见。

当你接到顾客意见时，你绝不应该采取置之不理的态度，而应该及时做出回应，要和接到订单一样迅速。如果你处理得当，给你提意见的顾客极有可能成为你的忠实顾客。

5. 以诚信为本

在互联网这个开放的大市场里，同类产品的供应者总是很多，顾客会很方便地对比各家产品的性能和价格。相对于面对面报价，通过电子邮件报价相当被动，发出的邮件无法改变，又无法探听到竞争者的价格状况，你更不可能根据顾客的反应灵活报价。

所以，为顾客提供最优质的产品、最低廉的价格才是取得成功的唯一法宝。有些企业采用在邮件标题上故弄玄虚、伪装成接收者的朋友等方法增大点击率，其实，无论怎样伪装，发件地址还是会被方便地查出来的。开展网上营销，还是应该以诚信为本。

作为网络电子营销工具，电子邮件越来越受欢迎。随着网上出版商、电子零售商、金融服务供应商及目录发布人不断创造出新的使用互联网进行营销的方式，选择进入电子邮件正以其覆盖面广、成本较低而效率较高等特点，越来越受青睐。从国外的情况看，企业对电子邮件营销越来越重视。

四、邮件列表的概述

邮件列表也叫 Mailing List，是互联网上的一种重要工具，用于各种群体之间的信息交流和信息发布。邮件列表具有传播范围广的特点，可以向互联网上数十万个用户迅速传递消息，传递的方式可以是主持人发言、自由讨论和授权发言人发言等方式。

邮件列表是为了解决一组用户通过电子邮件互相通信的要求而发展起来的，是一种通过电子邮件进行专题信息交流的网络服务。它一般是按照专题组织的，目的是为从事同样工作或有共同志趣的人提供信息，开展讨论，相互交流或寻求帮助。大家根据自己的兴趣和需要加入不同主题的邮件列表，每个列表由专人进行管理，所有成员都可以看到发给这个列表的所有信件。

每一个邮件系统的用户都可以加入任何一个邮件列表，订阅由别人提供的分类多样、内容齐全的邮件列表，成为信息的接收者，同时，也可以创建邮件列表，成为一个邮件列表的拥有者，管理并发布信息，向其订阅用户提供邮件列表服务，并可授权其他用户一起参与管理和发布。一般的电子邮件的发送都是"一对一"或"一对多"，邮件列表中可以实现"多对多"通信。

五、开展 E-mail 营销的基础条件

开展 E-mail 营销需要一定的基础条件，尤其是内部列表 E-mail 营销，是网络营销的一项长期任务，在许可营销的实践中，企业最关心的问题是：许可 E-mail 营销是怎么实现的呢？获得用户许可的方式有很多，如用户为获得某些服务而注册为会员，或者用户主动订阅的新闻邮件、电子刊物等，也就是说，许可营销是以向用户提供一定有价值的信息或服务为前提。可见，开展 E-mail 营销需要解决三个基本问题：向哪些用户发送电子邮件、发送什么内容的电子邮件以及如何发送这些邮件。这三个问题构成了 E-mail 营销的三大基础条件：

（1）E-mail 营销的技术基础：从技术上保证用户加入、退出邮件列表，并实现对用户资料的管理以及邮件发送和效果跟踪等功能。

（2）用户的 E-mail 地址资源：在用户自愿加入邮件列表的前提下，获得足够多的用户 E-mail 地址资源是 Email 营销发挥作用的必要条件。

（3）E-mail 营销的内容：营销信息是通过电子邮件向用户发送的，邮件的内容对用户有价值才能引起用户的关注，有效的内容设计是 E-mail 营销发挥作用的基本前提。

上述基础条件具备之后，才能开展真正意义上的 E-mail 营销，E-mail 营销的效果才能逐步表现出来。

实施电子邮件营销推广

1.确定 E-mail 营销目标

E-mail 营销能够实现多种目标，企业可以根据营销计划，从增强顾客关系、提供个性化服务、开展在线调查、塑造企业或产品形象、新产品通知、产品促销等方面进行选择或组合。

2.E-mail 营销的基本形式与选择

E-mail 营销有内部 E-mail 营销和外部 E-mail 营销两种基本形式，前者指企业通过自己拥有的各类 E-mail 注册用户（如免费服务用户、电子刊物用户、现有客户资料等）开展电子邮件营销；而后者则指企业委托专业 E-mail 营销服务商、免费邮件服务商、专业网站等通过其各自的 E-mail 营销资源进行营销活动。二者的功能和特点对比如表 6-3 所示。

表 6-3   E-mail 营销的两种方式的对比

主要功能和特点	内部列表E-mail营销	外部列表E-mail营销
主要功能	顾客关系、顾客服务、品牌形象、产品推广、在线调查、资源合作	品牌形象、产品推广、在线调查
投入费用	相对固定，取决于日常经营和维护费用，与邮件发送数量无关，用户数量越多，平均费用越低	没有日常维护费用，营销费用由邮件发送数量、定位程度等决定，发送数量越多费用越高
用户信任程度	用户主动加入，对邮件内容信用程度高	邮件为第三方发送，用户对邮件的信任程度取决于服务商的信用、企业自身的品牌、邮件内容等因素
用户定位程度	高	取决于服务商邮件列表的质量
获得新用户的能力	用户相对固定，对获得新用户效果不显著	可针对新领域的用户进行推广，吸引新用户能力强
用户资源规模	需要逐步积累，一般内部用户数量比较少，无法在很短时间内向大量用户发送信息	在预算许可的情况下，可同时向大量用户发送邮件，信息传播覆盖面广
邮件列表维护和内容设计	需要专业人员操作，无法获得专业人士的建议	服务商专业人员负责，可对邮件发送、内容设计等提供相应的建议
E-mail营销效果分析	由于是长期活动，较难准确评价每次邮件发送的效果，需要长期跟踪分析	由服务商提供专业分析报告，可快速了解每次活动的效果

自行经营的内部 E-mail 营销不仅需要自行建立或者选用第三方的邮件发行系统，还需要对用户资料管理、退信管理、用户反馈跟踪等进行维护管理。内部 E-mail 营销以少量、连续的资源投入获得长期、稳定的营销资源。外部 E-mail 营销是用资金换取临时性的营销资源，可以根据需要选择投放不同类型的潜在用户，因而在短期内即可获得明显的效果。实践中，企业可以根据自身的资源和营

销目标选择合适的 E-mail 营销形式。

3. 获得目标用户的邮件地址 (内部 E-mail 营销)

（1）获得用户电子邮件地址资源。企业收集用户 E-mail 地址最简单的方法是从提供网络营销服务的相关服务商处购买；最好、最直接的方法是利用网站上的"在线反馈"、"读者留言"等栏目收集顾客留下的邮件地址，或制造某种网上特殊事件，如竞赛、评比、网页特殊效果、优惠、售后服务、促销等，吸引用户注册参与，有意识地营造网上客户群。

（2）获得用户许可的方法。一是吸引用户注册为公司或其网站会员，选择所需要的服务，这是开展许可电子邮件营销的良好基础；二是在网站开展促销活动，鼓励用户留下信息资料，便于获得其长期许可；三是创建企业的邮件列表，吸引用户自愿订阅以获得用户的许可。

4. 电子邮件的设计

收件人打开并阅读电子邮件关键是电子邮件的设计，即邮件的主题、内容和发件人信息。

（1）主题设计。为了让收件人能够快速了解邮件的大概内容 (或最重要的信息)、引起收件人的兴趣和方便用户日后查询，邮件的主题设计应注意以下两点：①醒目、有吸引力、简洁是邮件主题设计的基本要求。邮件主题要有足够的吸引力，使收件人一见到标题就能够产生阅读全文的欲望；不宜过于简单或复杂，一般为 8 ~ 20 个汉字。②进行一定的测试，力争选取最优的主题。可以拟订几个不同的主题，分别征求部分用户的意见后，再确定邮件的主题。如果收件人有明显的细分特征，最好针对不同的潜在用户群体，分别设计有针对性的邮件内容和邮件主题。

（2）内容设计。首先，为受众提供有价值的信息是 E-mail 营销的首要任务。实践中，可以通过向不同类型的目标受众发送重点不同的信息这一方式来提升邮件内容的价值。如面向零售商的邮件，其重点内容应是采用哪些奖励措施来刺激零售；面向广大消费者的邮件，其重点内容应是消费者感兴趣的新产品信息和促销措施等。

其次，要注意邮件内容的隐性营销。不要使用喋喋不休的语气规劝收件人做出购买行为，也不要单调乏味地向收件人展示营销广告，最好将品牌或营销信息有机地融合在相关的互动活动中，尽量降低其商业化气息。

最后，邮件的内容还需注意简洁性原则，用最简单的内容表达出诉求点，全文最好不要超过一个屏幕，字数控制在 240 个字以内。如有必要，可给出关于详细内容的链接，收件人如有兴趣，会主动点击。否则，内容再多也没有价值，只能引起收件人反感。同时，邮件内容尽量不要采用附件形式，以避免有的收件人打不开或不打开。此外，可在邮件内容下面设置转发链接按钮，便于收件人将营销邮件转发给其他朋友。

（3）发件人信息设计。对于用户第一次收到的邮件，发件人信息直接决定着邮件的打开率；对企业而言，即使发送的邮件没有被打开，但包含其名称、商标或网站标志的发件人信息在一定程度上也可以起到宣传的作用。因此，对于商业邮件尤其是营销邮件来说，发件人信息应包括发件人公司名称（品牌名称）、网址等，并应进行美工处理。

阅读材料

对电子邮件推广的几点建议

电子邮件推广，就是采用电子邮件的形式，把自己的信息传播给自己的目标受众的一种营销方式，长期以来，它以效果明显，费用低廉而受到了绝大多数公司和个人的青睐，但是，随着网络时代的快速发展，越来越多的商家开始采用这种营销方式，由于认识的错误和没有相关的理论指导，才造成了今天的垃圾邮件泛滥的局面。如何才能使自己的邮件不被认定为垃圾邮件，如何提高邮件推广的效率呢？

首先要明确一个问题：邮件推广不等于滥发邮件。在绝大多数采用邮件推广的朋友的思想中，都希望自己的邮件地址越多越好，发送的人越多越好，其实这是一个极大的错误认识。曾经有一个网络界的朋友，他被国内几个知名的网站聘为顾问，但是他的名字却很少在媒体出现，很少有人知道他，我问他为什么？他只说了一句话，因为他们不是我的客户。多么经典的一句话，因为他们不是我的客户，我没有必要让他知道我。把这句话的含义拿到邮件推广中，是再贴切不过了。邮件推广，只要把自己的信息发送到自己的客户的手中就可以，滥发又有什么用处呢？

其次要有高质量的邮件地址列表。收集邮件地址的方法很多，可以直接购买，可以用专业软件自己收集，还可以在自己的网站设立邮件地址登记入口让客户自己输入（当然这需要网站有大的流量才可以，不适合一般企业的网站），但是，无论用什么方法，保证邮件列表的质量都是十分重要的。这里所说的质量，主要包括有效性，重复率，相关客户率等几个指标。

要提高邮件地址列表的质量，有几个主要的方法：第一，采用邮件地址整理软件，去除无效和重复邮件地址；第二，及时验证邮件地址，去除失效邮件地址；第三，检测邮件地址的所有者跟自己业务的相关性，及时去除不相关客户，当然这一步比较难做。

再次要采用优秀的邮件发送工具。目前市面上的群发软件很多，大多数都是只能发送，但是缺乏综合地验证邮件地址有效性，提高邮件列表质量，同时具有邮件退定功能的软件，从而造成营销者无法及时去除不相关邮件地址，提高邮件列表质量。建议采用邮件推广的朋友最起码选用具有邮件地址退定的群发软件，进行邮件地址发送，并且去除退定和无效的邮件地址。

第四要设计好邮件内容，不要让自己的邮件被接收者认为是垃圾邮件而删除。设计出一封好的营销邮件，会对营销的效果有很大帮助，在设计时，应注意：

（1）主题：主题的设计要让接收者能够认可你的邮件，有兴趣打开你的邮件，避免一看就认为是垃圾邮件，直接删除的厄运。

（2）内容：首先版面要设计得精致一点，给人一种美感，不要让人一看就感觉厌恶，内容的设计要能够吸引阅读者有看下去的兴趣。

最后要设置好发邮件的服务器，发送信箱，回复信箱等信息。邮件推广要取得好的效果，当然要能够及时收到客户的回复，否则，前面做得再好，岂不还是前功尽弃？在这方面，为了提高发送的速度，选择一个好的DNS服务器十分重要，另外，一般不要设置过高的线程数，除非你的电脑和你的网速足够快。在发送信箱和回复信箱方面，建议采用发送邮箱设置一个不常用的信箱，回复信箱设置自己的有效信箱收取客户的回复，这样的效果比较好。

5. E-mail 的发送

E-mail营销有两种基本形式，相应地，营销E-mail的发送也有两种方式：企业自行发送和委托专业服务商（网站）发送。由于当前许多免费电子邮件服务商都对一个用户每日发送邮件的数量做出了限制，因此，若企业自行向大量用户发送电子邮件，需要建立自己的邮件发送系统。

（1）发送频率。向用户发送电子邮件的频率不能过高，否则会引起用户的反感。企业要在保持客户关系但又不侵扰客户之间寻求一个平衡点。合理的频率应该是不能超过每周一次，最好的办法是让用户自己选择接收电子邮件的频率，以体现许可邮件营销的理念，并确保邮件的点击率和退订率保持在最佳状态。

（2）发送时机。一般来说，企业应选择节假日、推出新产品或服务时、大型促销活动、回复顾客来信等时机向用户发送不同内容的电子邮件，而不要没有缘由地发送商业广告。

6. 后期工作

E-mail营销的后期工作主要指统计顾客反应率（如点击率、打开率、转发率等）、及时回复用户的邮件、对营销效果的整体评价，这些工作为后续E-mail营销目标或方法的调整奠定了基础。

小知识

实现许可营销的五个基本步骤

Seth Godin在《许可营销》一书中提出实现许可营销的五个基本步骤：

第一，要让潜在客户有兴趣并感觉到可以获得某些价值或服务，从而加深印象和注意力，值得按照营销人员的期望，自愿加入到许可的行列中去。

第二，当潜在客户投入注意力之后，应该利用潜在客户的注意，比如可以为潜在客户提供一套演示资料或教程，让客户充分了解公司的产品或服务。

第三，继续提供激励措施，以保证潜在客户维持在许可名单中。

第四，为客户提供更多激励从而获得更大范围的许可，比如给予会员更多的优惠，或者邀请会员参与调查，提供更加个性化的服务等。

第五，经过一段时间之后，营销人员可以利用获得的许可改变消费者的行为，也就是让潜在顾客说，"好的，我愿意购买你们的产品"，只有这样，才可以将许可转化为利润。

当然，从顾客身上赚到第一笔钱之后，并不意味着许可营销的结束，相反，仅仅是将潜在顾客变为真正顾客的开始，如何将顾客变成忠诚顾客甚至终生顾客，仍然是营销人员工作的重要内容，许可营销将继续发挥其独到的作用。

来源：MBA 智库百科

拓展知识

邮件列表的使用

1.邮件列表的注册

首先登录到希网网络 http://www.cn99.com，如图 6-23 所示。

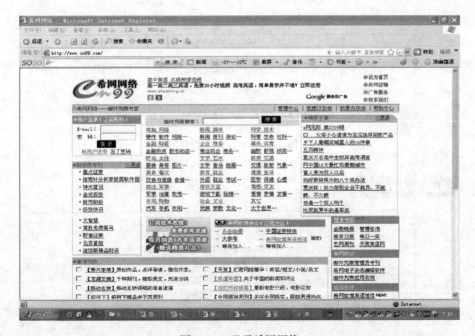

图 6-23　登录希网网络

要新建邮件列表，必须拥有一个网上申请的邮箱，然后点击"新用户注册"先注册会员，如图 6-24 所示。

图 6-24　注册会员

　　会员注册表格填写完成后，会给你发送确认邮件，如图 6-25 所示。稍后可以到自己的邮箱中接收确认邮件如图 6-26 所示，在确认邮件中点击"确认"按钮，然后系统会自动打开一个新的页面，提示注册完成，如图 6-27 所示。

图 6-25　确认邮件发送

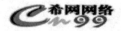

图 6-26　接收确认邮件

图 6-27　注册确认完成

2. 创建邮件列表

注册完成后，现在你就变成邮件列表的版主了，下面对邮件列表进行管理，首先用邮箱地址登录到希网网络，如图 6-28 所示。

图 6-28　登录希网网络

现在开始创建邮件列表，点击"我创办的邮件列表"，如图 6-29 所示，填写创建的邮件列表的基本设置，邮件列表建立完成后，会出现如图 6-30 所示的提示。

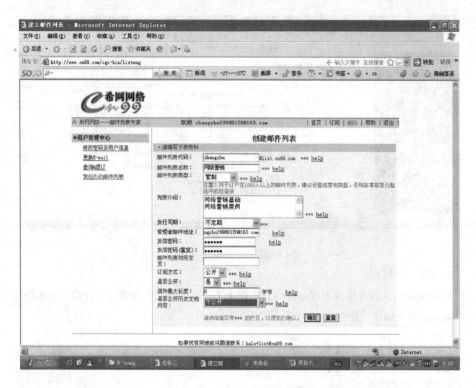

图 6-29　创建邮件列表

图 6-30　列表创建成功

3. 管理邮件列表

邮件列表创建完成后，用电子邮件登录会出现如图 6-31 所示，点击"管理选中的列表"按钮，说明一下，也可以建立几个邮件列表。

希网网络----邮件列表专家　　欢迎 zhangzhu19980120@163.com　　| 首页 | 订阅 | 创办 | 帮助 | 退出 |

◆用户管理中心

　修改密码及用户信息

　更换E-mail

　查询&退订

→我创办的邮件列表

◆邮件列表功能

　获取订阅代码

我创办的邮件列表

· 请选择一个邮件列表进行管理

邮件列表代码	邮件列表名称	订阅人数	已发信件数
⊙ zhangzhu	网络营销	0	0

[管理选中的列表] [创建新的列表]

关于希网 广告服务 隐私声明 服务条款 联系我们

图 6-31　创建的邮件列表目录

　　点击"在线发信"按钮，这就是你需要向外发送的电子邮件，一旦填写完毕，系统会自动发送给订阅用户，如图 6-32 所示。

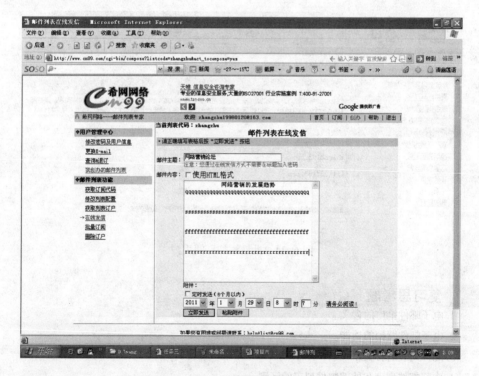

图 6-32　在线发信

　　如图 6-33 所示，点击"获取列表订户"，系统会自动将订阅你邮件列表的所有用户的邮件地址发到你的信箱，让你掌握一手客户信息。

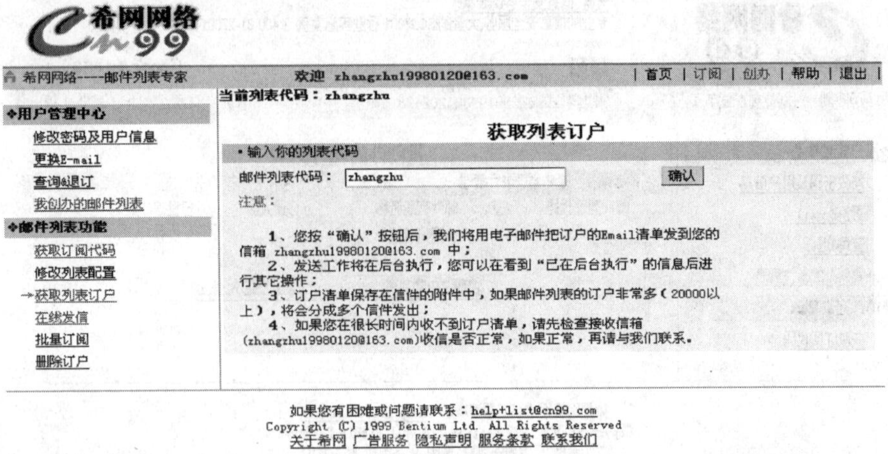

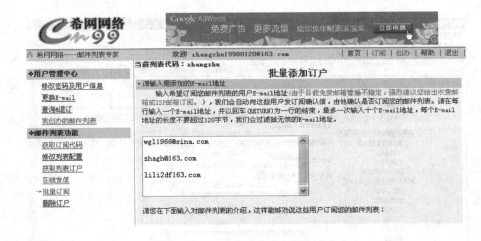

图 6-33　获取列表订户

如图 6-34 所示，点击"批量订阅"按钮，输入你想推荐订阅你邮件列表的用户的 E-mail 地址，系统会自动向这些用户发送推荐信。

图 6-34　批量添加订阅用户

复习思考题

1. 电子邮件推广的含义。

2. 电子邮件营销的功能。

3. 邮件列表的含义。

4. 内部邮件列表和外部邮件列表的区别。

利用邮件列表进行邮件群发

（1）在百度中搜索"免费良方邮件列表"；

（2）申请建立一个自己的免费良方邮件列表；

（3）在该列表中增加三个订阅邮件地址，含自己有效的邮件地址；

（4）以管理员的身份写一封电子邮件并发送，实现邮件群发；

（5）进入上面输入自己的邮箱，查看是否收到了来自己良方邮件列表的信件。

任务五　利用博客营销推广

任务分析

　　根据中国互联网络信息中心发布的《第27次中国互联网络发展统计报告》，截至2010年6月底，我国网民规模达4.2亿人，互联网普及率持续上升增至31.8%，其中博客/个人空间和论坛/BBS已经成为网络十大应用之一。随着博客用户群的日益扩大，涌现了各种类型的博客，传递的信息也成为网站访问点击的重点，其作为一种新的网络营销工具的价值正不断凸显出来。以Web 2.0为技术核心构成的博客，其独特的交流方式带来了博客营销不同于传统网络营销的特点。博客营销拓展了网络营销的范围，为网络营销带来了全新的价值理念。

相关知识

一、博客营销的概述

　　博客营销是利用博客这种网络应用形式开展网络营销的工具，是公司、企业或者个人利用博客这种网络交互性平台，发布并更新企业、公司或个人的相关概况及信息，并且密切关注并及时回复平台上客户对于企业或个人的相关疑问以及咨询，并通过较强的博客平台帮助企业或公司零成本获得搜索引擎的较前排位，以达到宣传目的的营销手段。

　　博客内容通常是公开的，人们可以发表自己的网络日记，也可以阅读别人的网络日记，是一种个人思想在互联网上的共享，是网络媒体进入web2.0时代最风光的先行军。对等的交流，广泛的传播，这些特质是web2.0时代的基本精神，也是精明的商人所需要开拓的商业潜质，随着索尼、亚马逊、耐克、通用电气、奥迪等大公司利用博客做广告的风潮渐劲，博客营销的概念随之被广大企业所接受,并有越演越烈之势。经研究显示,多达64%的广告主对在博客上做广告有兴趣。

博客营销就是利用博客来开展的一种网络营销。它包含两层含义：

第一层含义，将博客看做营销的平台。公司、企业利用博客这种网络交互性平台，发布并更新企业或公司的相关概况及信息，密切关注并及时回复平台上客户对于企业的相关疑问以及咨询，并通过较强的博客平台帮助企业或公司零成本获得搜索引擎的较前排位，以达到宣传目的的营销手段。

第二层含义，将博客看做营销的广告载体。博客的自媒体属性决定了每一个博客空间不仅能发布信息，还能登载广告。尽管人们对于在博客上登载广告还持有异议，但从理论上看，博客是具有营销价值的广告载体。企业可以选择访问量高、有社会知名度的博客推出自己的形象广告，借助博客的高信任度、高互动性和高忠诚性，树立企业的品牌，最终实现博客营销。

与博客营销相关的概念还有企业博客、营销博客等，这些概念都是从博客具体应用的角度来描述，用于区别一般侧重兴趣和情感的个人博客。但无论是企业博客还是个人博客，都是博客营销需要借助的平台和渠道。

二、博客营销的特点

通过博客的营销可以吸引有共同爱好的人前来，起到针对目标群营销的效果。可以和用户进行双向的交流吸引潜在用户，博客为企业带来了一个沟通交流的平台，而这个平台与传统营销模式最大的不同在于互动性与参与性，博客营销提供了一种新的方式，起到了很好的配合作用，它与传统平台是互补融合、相辅相成的。博客营销具有五大特点。

第一，博客是一个信息发布和传递的工具。常用的网络营销信息发布媒介包括：门户网站的广告、新闻；专业网站供求信息平台等。在信息发布方面，博客与其他工具有一定的相似点，即传递信息的作用。博客具有知识性、自主性、共享性等基本特征，正因为这种性质决定了博客营销是一种基于个人知识资源（包括思想、体验等表现形式）的网络信息传递形式。因此，开展博客营销的基础问题是对某个领域知识的掌握、学习和有效利用，并通过对知识的传播达到信息传递的目的。

第二，博客与企业网站相比，博客文章的内容题材和发布方式更为灵活。企业网站是开展网络营销的综合工具，也是最完整的企业信息源，公司产品信息和推广信息往往首先发布在自己的企业网站上，不过作为一个公司的官方网站，内容和表现形式往往是比较严肃的产品资料等，而博客文章内容题材和形式多样，因而更容易受到用户的欢迎。

第三，与门户网站发布广告和新闻相比，博客传播具有更大的自主性，并且无须直接费用，是最低成本的推广方式。

第四，与供求信息平台的信息发布方式相比，博客的信息量更大，表现形式更灵活，而且完全可以用"中立"的观点来对自己的企业和产品进行推广。博客文章的信息量可大可小，完全取决于对某个问题描写的需要，博客文章并不是简单的网络广告信息，实际上单纯的广告信息发布在博客上也起不到宣传的效果，所以博客文章写作与一般的商品信息发布是不同的，在一定意义上可以说是一种公关方式，只是这种公关方式完全是由企业自行操作的。

第五，与论坛营销的信息发布方式相比，博客文章显得更正式，可信度更高。博客文章比一般的论坛信息发布所具有的最大优势在于，每一篇文章都是一个独立的网页，而且文章很容易被搜索引擎收录和检索，这样具有长期被用户发现和阅读的机会，一般论坛的文章读者数量通常比较少，而且很难持久，几天后可能已经被人忘记。

三、博客营销的价值

1. 博客可以直接带来潜在用户

博客内容发布在博客托管网站上，这些网站往往拥有大量的用户群体，有价值的博客内容会吸引大量潜在用户浏览，从而达到向潜在用户传递营销信息的目的，用这种方式开展网络营销，是博客营销的基本形式，也是博客营销最直接的价值表现。

2. 博客营销的价值体现在降低网站推广费用方面

网站推广是企业网络营销工作的基本内容，大量的企业网站建成之后都缺乏有效的推广措施，因而网站访问量过低，降低了网站的实际价值。通过博客的方式，在博客内容中适当加入企业网站的信息（如某项热门产品的链接、在线优惠券下载网址链接等）达到网站推广的目的，这样的"博客推广"也是极低成本的网站推广方法，降低了一般付费推广的费用，或者在不增加网站推广费用的情况下，提升了网站的访问量。

3. 博客文章内容为用户通过搜索引擎获取信息提供了机会

多渠道信息传递是网络营销取得成效的保证，通过博客文章，可以增加用户通过搜索引擎发现企业信息的机会，其主要原因在于，一般来说，访问量较大的博客网站比一般企业网站的搜索引擎友好性要好，用户可以比较方便地通过搜索引擎发现这些企业博客内容。这里所谓搜索引擎的可见性，也就是让尽可能多的网页被主要搜索引擎收录，并且当用户利用相关的关键词检索时，这些网页出现的位置和摘要信息更容易引起用户的注意，从而达到利用搜索引擎推广网站的目的。

4. 博客文章可以方便地增加企业网站的链接数量

获得其他相关网站的链接是一种常用的网站推广方式，但是当一个企业网站知名度不高且访问量较低时，往往很难找到有价值的网站给自己链接，通过在自己博客的文章为本公司的网站做链接则是顺理成章的事情。拥有博客文章发布的资格增加了网站链接的主动性和灵活性，这样不仅可能为网站带来新的访问量，也增加了网站在搜索引擎排名中的优势。

5. 实现更低的成本对读者行为进行研究

当博客内容比较受欢迎时，博客网站也成为与用户交流的场所，有什么问题可以在博客文章中提出，读者可以发表评论，从而可以了解读者对博客文章内容的看法，作者也可以回复读者的评论。当然，也可以在博客文章中设置在线调查表的链接，便于有兴趣的读者参与调查，这样扩大了网站上在线调查表的投放范围，同时还可以直接就调查中的问题与读者进行交流，使得在线调查更有交互性，其结果是提高了在线调查的效果，也就意味着降低了调查研究费用。

6. 博客是建立权威网站品牌效应的理想途径之一

作为个人博客，如果想成为某一领域的专家，最好的方法之一就是建立自己的博客。如果你坚持不懈地写下去，你所营造的信息资源将为你带来可观的访问量，在这些信息资源中，也包括你收集的各种有价值的文章、网站链接、实用工具等，这些资源为自己持续不断地写作更多的文章提高很好的帮助，这样形成良性循环，这种资源的积累实际上并不需要多少投入，但其回报却是可观的。对企业博客也是同样的道理，只要坚持对某一领域的深度研究，并加强与用户的多层面交流，对于获得用户的品牌认可和忠诚提供了有效的途径。

7. 博客减小了被竞争者超越的潜在损失

2004 年，博客在全球范围内已经成为热门词汇之一，不仅参与博客写作的用户数量快速增长，浏览博客网站内容的互联网用户数量也在急剧增加。在博客方面所花费的时间成本，实际上已经从其他方面节省的费用所补偿，比如为博客网站所写作的内容，同样可以用于企业网站内容的更新，或者发布在其他具有营销价值的媒体上。反之，如果因为没有博客而被竞争者超越，那种损失将是不可估量的。

8. 博客让营销人员从被动的媒体依赖转向自主发布信息

在传统的营销模式下，企业往往需要依赖媒体来发布企业信息，不仅受到较大局限，而且费用相对较高。当营销人员拥有自己的博客园地之后，你可以随时发布所有你希望发布的信息，只要这些信息没有违反国家法律，并且信息对用户是有价值的。博客的出现，对市场人员营销观念和营销方式带来了重大转变，写博客是每个企业、每个人自由发布信息的权利，如何有效地利用这一权利为企业营销战略服务，则取决于市场人员的知识背景和对博客营销的应用能力等因素。

四、博客营销的策略

1. 选择博客托管网站、注册博客账号

即选择功能完善、稳定，适合企业自身发展的博客系统博客营销平台，并获得发布博客文章的资格。选择博客托管网站时应选择访问量比较大而且知名度较高的博客托管网站，可以根据全球网站排名系统等信息进行分析判断。对于某一领域的专业博客网站，不仅要考虑其访问量而且还要考虑其在该领域的影响力，影响力较高的博客托管网站，其博客内容的可信度也相应较高。

2.选择优秀的博客

在营销的初始阶段，用博客来传播企业信息首要条件是拥有具有良好写作能力的"博客"，"博客"在发布自己的生活经历、工作经历和某些热门话题的评论等信息的同时，还可附带宣传企业，如企业文化、产品品牌等，特别是当发布文章的"博客"是在某领域有一定影响力的人物，所发布的文章更容易引起关注，吸引大量潜在用户浏览，通过个人博客文章内容为读者提供了解企业信息的机会。这说明具有营销导向的博客需要以良好的文字表达能力为基础。因此企业的博客营销需要以优秀的博客为基础。

小案例

华硕微博营销

"达达真人漫画"是华硕为其上网本产品Eee PC制定的营销活动。活动以目前国内外比较前卫的真人漫画为主要形式，并选择了搜狐和新浪这两大目前人气最高的微博作为传播平台。漫画通过一个个职场故事和精辟的观点向读者传递一种"轻松对待工作，生活才会容易"的观点。活动一经推出之后便得到众多网友的喜爱和分享，仅在一个星期内搜狐上的达达微博便引来超过7000的粉丝，转载量更是接近2000次。许多网友纷纷留言对漫画中描绘的情境和观点表示同感和认同。

3.创造良好的博客环境

企业应坚持长期利用博客，不断地更换其内容，这样才能发挥其长久的价值和应有的作用，吸引更多的读者。因此进行博客营销的企业有必要创造良好的博客环境，采用合理的激励机制，激发博客的写作热情，促使企业博客们有持续的创造力和写作热情。同时应鼓励他们在正常工作之外的个人活动中坚持发布有益于公司的博客文章，这样经过长期的积累，企业在网络上的信息会越积越多，被潜在用户发现的机会也就大大增加了。可见，利用博客进行营销是一个长期积累的过程。

4.协调个人观点与企业营销策略之间的分歧

从事博客写作的是个人，但网络营销活动是属于企业营销活动。因此博客营销必须正确处理两者之间的关系，如果博客所写的文章都代表公司的官方观点，那么博客文章就失去了其个性特色，也就很难获得读者的关注，从而失去了信息传播的意义。但是，如果博客文章只代表个人观点，而与企业立场不一致，就会受到企业的制约。因此，企业应该培养一些有良好写作能力的员工进行写作，他们所写的东西既要反映企业，又要保持自己的观点性和信息传播性。这样才会获得潜在用户的关注。

5.建立自己的博客系统

当企业在博客营销方面开展得比较成功时，则可以考虑使用自己的服务器，建立自己的博客系统，向员工、客户以及其他外来者开放。博客托管网站的服务是免费的服务。服务方是不承担任何责任的，所以服务是没有保障的，如果中断服务，企业通过博客积累的大量资源将可能毁于一旦。如果使用自己的博客系统，则可以由专人管理，定时备份，从而保障博客网站的稳定性和安全性。而且开放博客系统将引来更多同行、客户来申请和建立自己的博客，使更多的人加入到企业的博客宣传队伍中来，在更大的层面上扩大企业影响力。

任务实施

企业利用博客营销推广的操作模式

在实施博客营销的企业中，其采用的形式多种多样，如在企业网站开设博客频道、利用第三方博客平台开展营销活动、利用个人博客网站及其推广达到博客营销的目的、实施博客营销外包以及开展博客广告等。这里介绍两种常见的博客营销形式。

1. 企业网站自建博客频道，开展网络营销活动

对于已经建立大型网站的企业，可以推出自己的博客频道，鼓励公司内部以及关注公司发展的人员发布博客文章，充分调动企业内外的博客资源开展营销活动，从而更好地实现与消费者的交流与沟通。企业自建博客频道，对于企业外部，可以增加企业网站访问量，吸引更多的潜在用户，而且还可以推广企业品牌、增进顾客认知、听取用户意见；对企业内部而言，可以提高企业员工对企业品牌和市场活动的参与意识，增进员工之间以及员工与企业领导之间的相互交流，增强企业的凝聚力。

国际知名的电子商务企业亚马逊(Amazon. com)就是率先开展这一营销方式的典范。在很多电子商务网站还没有将博客与营销策略产生联想时，亚马逊已经将博客营销运用自如。以经营书籍为主的亚马逊在自己网站中的 Amazon Services 栏目下创建了一个名为 The Amazon Connect 的新程序，专为亚马逊网站上的书籍作者开通博客服务，目的在于增进读者与作者之间、读者与 Amazon. com 之间的接触和沟通。此举不仅为书籍作者提供了一个推广自己书籍产品的渠道和机会，也增大了那些购买了书籍的访问者再次访问 Amazon. com 的几率。

2. 利用第三方博客平台发表博客文章，开展网络营销活动

对于刚开始涉足博客营销的企业来说，基于成本和时间等方面的考虑，利用第三方博客平台无疑是一个有效的捷径。采用此种形式开展营销活动的企业首先需要选择一个适合本企业的博客托管网站并获得发布博客文章的权限。目前，国

内已存在较多的博客托管网站，较为知名的如博客网 (www.bokee.com)、中国博客 (www.blogcn.com) 等。一般来说，应选择访问量比较大以及知名度较高的博客托管网站，这些资料可以根据 Alexa(www.alexa.com) 全球网站排名系统等提供的信息进行分析判断，对于某一领域的专业博客网站，则应在考虑其访问量的同时还要考虑其在该领域的影响力。影响力较高的网站，其博客内容的可信度也相应较高。如有必要，也可以选择在多个博客托管网站进行注册，然后可借助这些博客网站开展各种博客营销活动。

拓展知识

中小企业如何开展有效的博客营销

第一步，确定博客营销的目标

与其他营销方式一样，博客营销同样要有明确的目标。当然，这个目标要从企业和市场的实际情况出发，实事求是。一般来说，企业博客营销的目标无非两个：一是通过博客内容提高企业关键词在搜索引擎的自然排名；二是通过博客内容树立企业品牌，吸引直接的目标客户，促进企业销售。

第二步，选择适合的博客营销平台

对中小企业来讲，有三种博客平台可供选择：独立平台、博客服务提供商、在企业网站开辟博客板块。独立平台一旦得到搜索引擎认可，在搜索引擎上的权重会很有优势，但是需要从零开始运营，从运营成本和精力成本的角度来讲都不适合中小企业。在企业网站开辟博客板块，可以与网站本身内容形成互补，但是同样存在开发运营成本的问题。博客服务提供商也就是目前网络上流行的博客提供平台，采用博客服务提供商可以直接利用其服务提供商现有的搜索引擎权重优势，并且在博客服务提供商内一旦获得认可后可能获得其大量成员的关注。从各方面综合考虑，建议一般中小企业网络营销的博客选择博客服务提供商博客平台。

第三步，确定博客营销的内容

企业网络营销在内容上首先要注意先确定以宣传企业品牌为主还是以宣传企业领导人个人品牌为主。如果以宣传企业品牌为主，那么就要突出企业的品牌形象。什么样的博客内容才是好内容呢?仅仅宣传企业，企业产品的内容肯定不是好的内容，只有对顾客真正有价值的、真实的、可靠的内容才是好内容。因此，博客的内容一定要跳出本企业，站在行业甚至整个市场经济的高度，关注本行业热点问题，发布本行业最新的热点新闻。网络营销的内容不求多，一定要保证质量，能原创要尽量原创。有条件的企业，可以招聘专业记者采集新闻信息；没有条件的企业，可以换一个角度解析网络上的热点行业新闻。

第四步，长期维护博客

企业使用博客营销，部分企业仅仅简单地维护了三五天就抱怨没有效果，草草收场。博客营销不能"速成"！其实，网络营销的方法有无数种，我们只要用心去实践某一种方法就能达到宣传的效果。"点石成金"、"立竿见影"的方法是没有的，任何一个成功的办法都需要时间和精力去长期的经营，博客营销作为一种低成本推广方式更是如此。博客营销能否成功，关键在于坚持，只有持续不断的努力才会有回报。

第五步，保持与客户的沟通互动

企业博客经过一段时间的维护更新后，会慢慢有客户访问，访客可能会留言给企业。利用好博客这一独特的双向传播性特点是博客营销的关键。

因此，一定要注意，必须及时关注和回复访客的留言，尤其是咨询产品价格的重要信息。另外，要采取一定的激励措施(例如赠送礼品或优惠等)，提高访问者的积极性，增加博客平台的互动性。

复习思考题

1.什么是博客营销？

2.博客营销的特点及策略有哪些？

3.企业利用博客营销推广的操作模式是什么？

技能训练

一个裁缝师的博客

英式剪裁公司是一家专门使用博客做营销的公司。这家公司专门聘请博客写手进行产品营销，取得很不错的效果，而且使得伦敦裁缝师托马斯·马洪掀起了一股在裁缝界网上营销的热潮。事实上，他因为个人博客而成为萨维尔街有史以来媒体曝光率最高的裁缝，曾接受过数十家杂志与报纸的专题访问。

这个博客很简单，它讨论5000美元以上的高级定制西服，讨论的方式相当自然。马洪和他的合作者并没有刻意隐瞒什么，定制西服的确很贵。但是真正让读者感兴趣的是，读者可以从博客看出马洪对裁缝事业充满热情，而且似乎这个裁缝最大的乐趣就是看到顾客满意的笑容，因而也尤其愿意光顾马洪的裁缝店。

马洪在博客中给出了有关高级西服定制的有关信息，提供了他对裁缝业界的专业理解，公开讨论商业秘诀，给所有西服定制爱好者营造了一个信息分享的场所。

英式剪裁不仅提供了宝贵的业内信息，有时候甚至还会送出西服。这个博客帮马洪建立起了他的特殊网上顾客群体，让他的公司看起来更人性化、更平易近人，也为他争取了更多的铁杆客户。

资料来源：网络营销手册

思考问题：

1.是不是所有的企业都可以进行博客营销？

2.有效博客营销的前提条件是什么？

总结与回顾

网络推广是企业整体营销战略的一个组成部分，是建立在互联网基础上、借助于互联网的特性来实现一定营销目标的一种营销手段。在实施过程中，我们可以采用搜索引擎、电子邮件、博客、网络广告等推广方法。

搜索引擎推广的方法可以分为多种不同的形式，常见的有登录免费分类目录、登录付费分类目录、搜索引擎优化、关键词广告、关键词竞价排名和网页内容定位广告等。

企业可以采用网幅广告、文本链接、电子邮件等网络广告方式，可以根据自身的需要选择在企业的网站上、服务商网站的黄页上和利用虚拟社区等发布广告途径达到推广的目的。

电子邮件推广是利用邮件地址列表，将信息通过E-mail发送到对方邮箱，以期达到宣传推广的目的。其主要功能可归纳为：品牌形象、产品/服务推广、顾客关系、顾客服务、网站推广、资源合作、市场调研、增强市场竞争力八个方面。

企业可采用多种多样的形式实施博客营销，如在企业网站开设博客频道、利用第三方博客平台开展营销活动、利用个人博客网站及其推广达到博客营销的目的、实施博客营销外包以及开展博客广告等。

网络客户关系管理

项目描述

随着市场竞争的日益激烈，企业经营者越来越多地意识到客户对于企业盈利目标的实现起着重要的作用，市场的竞争实际上是对客户资源的竞争。为此，随着互联网的发展，企业间的市场竞争尤为突出，哪个企业能够建立和维护一种良好的客户关系，为客户提供个性化的优质服务，哪个企业就能更好的吸引新客户，留住老客户，就会在市场竞争中占据有利地位。

海尔网上商城注重网络客户管理与服务，它一方面通过提供更快速和周到的优质服务吸引和保持更多的客户，另一方面通过对业务流程的全面管理降低企业的成本。充分利用客户关系管理系统，收集、追踪和分析每一个客户，充分了解他们的需求，并把客户想要的商品送到他们手中。同时通过电子邮件及时收阅和答复客户的各种问题，通过FAQ在网上建立客户常见问题解答。时刻以"客户为中心"的服务宗旨，提高客户满意度，改善客户关系，从而提高企业的竞争力。

学习目标

学习目标	知识目标	了解客户关系管理的内涵、特点和电子邮件在客户管理中的作用
		掌握客户电子邮件管理目标
		掌握客户E-mail的管理
		掌握FAQ的内容及页面组织设计
		了解在线客服、网站商务通、呼叫中心和即时通信的含义
		理解网站商务通的特色功能
		熟悉网站在线客服系统的功能
	能力目标	能够学会客户电子邮件的管理
		能够收阅和答复客户的电子邮件
		能够对FAQ页面组织设计
		能够熟知网站商务通在在线客服系统的应用
		能够熟知呼叫中心在客户关系管理中的应用

学习目标	素质目标	具有分析、判断、应变、控制事件的基本素质
		具有分析问题、解决问题的能力
		培养学生团结协作意识，较强集体荣誉感
		具有独立思考、自主学习的能力

技能知识

客户关系管理，客户电子邮件管理，FAQ页面的设计，在线客服，网站商务通，呼叫中心

引导案例

苏宁电器客户关系管理（CRM）实施案例

苏宁电器是中国3C（家电、电脑、通信）家电连锁零售企业的领先者。苏宁电器是全国20家大型商业企业集团之一。"2005年度被入选为中国企业信息化500强"，排名第45位，成为前百强企业中唯一入选的零售企业。以SAP/ERP为核心的苏宁信息化平台在国内商业零售领域是第一家。

基于ATM专网实现采购、仓储、销售、财务、结算、物流、售后服务、客户关系一体化实时在线管理。适应管理和处理日益庞大的市场数据的要求，建立全面、统一、科学的日常决策分析报表、查询系统。有效控制物流库存，大幅提高周转速度，库存资金占用减少，盘点及时有效。电脑区域完成配送派工，完善售后服务系统为客户服务中心提供强有力的基础服务平台。通过多维分析模型、商品生命周期分析模型等现代分析手段，综合运用数据仓库、联机分析处理、数据挖掘、定量分析模型、专家系统、企业信息门户等技术，提供针对家电零售业运营所必需的业务分析决策模型，挖掘数据的潜在价值。

苏宁在全国100多个城市客户服务中心利用内部VOIP网络及呼叫中心系统建成了集中式与分布式相结合的客户关系管理系统，建立5000万个顾客消费数据库。建立视频、OA、VOIP、多媒体监控组成企业辅助管理系统，包括图像监控、通信视频、信息汇聚、指挥调度、情报显示、报警等功能，对全国连锁店面及物流中心实施图像监控，总部及地区远程多媒体监控中心负责实施监控连锁店、物流仓库、售后网点及重要场所运作情况，全国连锁网络"足不出户"的全方位远程管理。

实现了全会员制销售和跨地区、跨平台的信息管理，统一库存、统一客户资料，实行一卡式销售。苏宁实现20000多个终端同步运作，大大提高管理效率。苏宁各地的客服中心都是基于CRM系统为运作基础的。客户服务中心拥有CRM等一套庞大的信息系统，CRM系统将自动语言应答、智能排队、网上呼叫、语音信箱、传真和语言记录功能、电子邮件处理、屏幕自动弹出、报表功能、集成中文TTS转换功能、集成SMS短消息服务等多项功能纳入其中，建立了一个覆盖全国的对外统一服务、对内全面智能的管理平台。

思考问题：

1.苏宁电器实施哪些措施进行客户关系管理？

2.请同学们补充出你所知道的客户关系管理方法。

资料来源：http://www.sina.com.cn

任务一　运用电子邮件进行客户关系管理

任务分析

电子邮件是网络客户服务双向互动的根源所在，它是实现企业与客户对话和客户整合的必要条件。目前互联网上60%以上的活动都与电子邮件有关。使用互联网提供的电子邮件服务，实际上并不一定需要直接接入互联网，只要通过已与互联网联网并提供邮件服务的机构收发电子邮件即可。

相关知识

一、客户关系管理的内涵

客户关系管理(customer relationship management, CRM)是一个不断加强与客户交流，不断了解客户需求，并不断对产品及服务进行改进和提高，以满足客户需求的连续过程。其内涵是企业利用现代信息技术和互联网技术实现对客户的整合营销，是以客户为核心的企业营销的技术实现和管理实现。

客户关系管理的目的不仅在于要开发新客户，更为重要的是要维系老客户，提高客户的满意度与忠诚度，提升客户的价值和利润。它所蕴涵的资源和商机，将为企业提供一个崭新且广阔的提升利润空间。对于任何一个想从经营发展的泥泞中脱离出来或者想使自己的企业有更大发展的企业管理者来说，实现客户关系管理无疑是一项比较明智的选择。

1. CRM首先是一种理念

企业核心思想是将企业的最终客户、分销商与合作伙伴作为企业最重要的资源，通过对客户提供完善、周到的服务和对客户深入、细致地分析来满足客户的需求，保证实现客户的终生价值。

2. CRM是一种旨在改善企业与客户之间关系的新型管理机制

（1）CRM实施于企业的市场营销、销售、服务与技术支持等与客户相关的领域。

（2）通过向上述人员提供全面、个性化客户资料，使其协同建立和维护一对一关系，向客户提供更快捷更周到的优质服务，提高客户满意度，从而增加营业额。

（3）通过信息共享和优化商业流程有效降低经营成本，参与企业产品、服务研发设计，从而培养客户的忠诚度。

3.CRM又是一种管理软件和技术

CRM 将最佳的商业实践与数据挖掘、数据仓库、一对一营销、销售自动化以及其他信息技术紧密融合在一起，为企业的销售、客户服务和决策支持等领域提供一个业务自动化的解决方案。

亚马逊书店实施E-CRM

在Internet给人类生活带来前所未有变化的同时，一批紧紧抓住Internet这一时代特征并全力在网上开展业务的企业也获得了奇迹般的成功。其中亚马逊书店已是广为人知的成功范例。但大多数人只是了解这家企业成功地利用了Internet开展业务，却不知道它还是E-CRM的成功实施者和受益者。作为全球最大、访问人数最多和利润最高的网上书店，亚马逊书店的销售收入至今仍保持着1000%的年增长率。面对越来越多的竞争者，亚马逊书店保持长盛不衰的法宝之一就是E-CRM。亚马逊书店在处理与客户关系时充分利用了E-CRM的客户智能。当你在亚马逊购买图书以后，其销售系统会记录下你购买和浏览过的书目，当你再次进入该书店时，系统识别出你的身份后就会根据你的喜好推荐有关书目。你去该书店的次数越多，系统对你的了解也就越多，也就能更好地为你服务。显然，这种有针对性的服务对维持客户的忠诚度有极大帮助。E-CRM在亚马逊书店的成功实施不仅给它带来了65%的回头客，也极大地提高了该书店的声誉和影响力，使其成为公认的网上交易及电子商务的杰出代表。

亚马逊书店实施E-CRM的成功给了我们这样的启示：客户智能战略不仅在技术上被证明是完善的，在商业运作上也是完全可行的。统计数字表明，企业发展一个新客户往往要比保留一个老客户多花费8倍的投入。而E-CRM的客户智能可以给企业带来忠实和稳定的客户群，也必将带来良好的收益。

二、网络客户关系管理的优势

随着企业管理的现代化和现代信息技术的飞速发展，网络客户关系管理越来越呈现出其优势。

1.全面提升企业的核心竞争能力

进入新经济时代，以往代表企业竞争优势的企业规模、固定资产、销售渠道等已不再是企业在竞争中处于领先地位的决定因素。随着互联网的发展，新的竞争对手和新的市场机遇不断涌现，企业必须创造出新的结构以适应变化需求。企业通过CRM系统实现流程重组，从而提高企业核心的竞争能力，取得了"跃升"式进步。

2. 实现了实时服务

在电子商务时代，时间就是效率。现在的客户早已对传统商业模式以天为单位的回应速度不满意了，他们要求企业在几分钟甚至几秒钟内对他们的要求作出反馈。电子商务企业如果不能做到实时服务，就会在很大程度上削弱企业的竞争力。许多企业转向提供在线服务，就是为了把信息更快地提交到客户的手中。

3. 实现了跨越时空的服务

企业通过网站上的留言板、邮件列表、电子邮件、FAQ 以及网络客服中心与客户进行实时与非实时的沟通，为客户提供咨询、答疑、指导、培训和解决方案等服务已成为时尚。

小知识

美国波士顿的State Street公司是一家向公共事业投资者提供服务的公司，目前该公司管理着大约6万亿美元的资产。随着他们所管理的客户信息的急剧增长，雇员们在向客户提供在线服务时发出越来越多的抱怨：由于这些部门的基础通信设施是围绕每一项服务而非每一位客户来组织的，因而使雇员们很难回答那些接受了一种以上服务的客户所提出的请求。为此，State Street公司开发了一个名为On Course的集成化的应用项目，允许该公司对与每一客户相关的信息实施集中化管理，而且公司中各部门的雇员都可对这些信息加以存取。On Course不仅使该公司对客户查询的响应变得更容易，而且还使该公司能够更好地了解每一位客户的具体需求。

4. 简化了客户服务过程

互联网不仅改进了信息的提交方式，加快了信息的提交速度，而且还简化了企业的客户服务过程，使企业提交与处理客户服务的过程变得更加快捷。客户重视时间甚过一切，他们希望能以最方便的方式交易。所以，他们需要的不只是最好的网站服务，而是能让他们自行寻找所需信息、进行交易、查询订单处理进度等整合完善的互动渠道，还希望通过电话、传真、电子邮件或网站等不同方式实现互动。必要时，最好还希望有专人为他们服务。

5. 实现了个性化客户管理

利用网络工具，加强了企业同客户的交流、深化了对客户需求和偏好的认识、更快地获得了客户信息反馈，从而使企业向客户提供个性化服务有了渠道上的可能性。基于这一背景，建立以客户为中心、网络为载体、个性化服务为特色的新型电子商务模式就成为众多企业追求的目标。电子商务实现了需求与服务的电子匹配，它贯穿于企业服务的全过程，从设计、生产、销售、付款直到维修。借助多种电子手段为每个具体客户提供全面的个性化服务。

三、电子邮件在客户管理中的作用

在网络时代，企业通过电子邮件，可以对网络客户提供双向互动的服务，而不是被动的等待客户要求服务。利用电子邮件进行主动的客户服务有以下三个方面的内容。

1. 利用电子邮件可与客户建立主动的服务关系

企业利用电子邮件，可实现主动的为客户提供服务，而不是被动的等待客户要求服务。

（1）主动向客户提供企业的最新信息。企业的老客户需要了解企业的最新动态，如企业新闻、产品促销和产品升级等。企业可将这些信息及时主动地以新闻信件的形式发送给需要这类信息的客户，以便客户熟知。

（2）获得客户需求信息的反馈，将其整合到企业的设计研发、生产和销售等系统中。要了解客户的需求可以通过电子邮件直接向客户询问，在设计询问问题时，最好每次只设计一个具体的问题。这个问题要慎重考虑，使之直接作用于产品质量、服务等，同时问题应简洁明了，易于阅读，易于回答，只要用很短时间就能回答完毕。

2. 利用电子邮件传递商务单证

由于企业是利用互联网从事网上贸易活动，各种单证和票据都采用电子的形式进行网上传递的，从而达到商务单证交换的目的。一般情况下包括如下内容：

（1）用户意见及产品需求调查问卷；

（2）产品购买者信息反馈及维修或保修信息反馈表；

（3）对某种产品需求的意向、特殊要求、数量和要求给出价格的商品报价申请表；

（4）新产品的报价单、订货单以及有奖销售问卷回执单等。

3. 利用电子邮件，还可进行其他访问的信息服务

利用电子邮件除了可以进行正常的通信联系，与顾客建立主动的服务关系，传递商务单证以外，还可进行如下的访问信息服务：

（1）用电子邮件邀游万维网

万维网是互联网络上最受欢迎、最为流行的信息检索服务程序。能把各种类型的信息(静止图像、文本、声音和影像)有机地集成起来，供用户阅读、查找。

（2）用电子邮件做 Gopher 搜寻

Gopher 是一种整合式的信息查询服务系统，它可为使用者提供一个方便的操作界面。利用它可以用简单的选单方式来获得所需要的文件资料、生活信息、文件存取、News 信件查询等各类资料。

（3）用电子邮件做文件传输服务

文件传输是一种实时的联机服务。它的任务是将文件从一台计算机传送到另一台计算机，它不受这两台计算机所处的位置、连接的方式以及所采用的操作系统的约束。

(4) 使用电子邮件做文件查询索引服务。

小提示

运用E-mail进行客户关系管理存在的主要问题

1. 垃圾邮件问题

垃圾邮件泛滥是很多企业在使用E-mail进行营销时，因管理控制不到位而造成的后果。垃圾邮件不但不能有效地与客户进行沟通，反而会让客户对企业的邮件产生厌烦感，损害企业品牌形象，甚至会让客户或邮件服务商将企业列入黑名单，拒收企业的邮件。因此运用E-mail进行客户关系管理必须杜绝垃圾邮件。

2. 回复问题

通过E-mail回复客户的咨询必须及时、诚恳。客户往往会从企业对咨询邮件回复的情况来判断企业的服务和态度。如企业回复邮件的及时性，如果4小时内顾客能得到回复邮件，他会觉得备受重视，会认为企业的办事效率高、责任心很强，值得信赖；12小时内回复邮件，说明自己尚被重视，也说明企业员工的工作是积极的。24小时内回复，说明自己未被遗忘，但企业的工作效率不会很高。48小时后回复，说明自己并不被重视，也说明该企业工作的责任心不强，不值得信赖。

3. 个性化服务问题

如果邮件形式和内容富有个性，用词亲切，内容人性化，表明企业具有责任心，非常重视客户的要求，从而让客户相信企业的产品和服务。如果邮件格式呆板，词语普通，没有特色，客户觉得自己面对的只是计算机程序的应答，从而对邮件营销失去兴趣和信心。

4. 隐私问题

当企业与客户已经建立起通过E—mail进行沟通的途径后，企业应该注意对用户个人信息的保护。最主要的内容是管理好用户的邮件地址，防止外泄和被滥用。要杜绝如企业业务人员以个人身份给用户发送邮件，由企业邮箱发出的邮件附带有其他陌生企业的广告信息等事件的发生。

四、发挥E-mail营销优势，实现有效的客户关系管理

1. 建立内部邮件列表，加强客户关系管理

内部邮件列表是利用企业的注册用户资料开展 E-mail 营销的方式，常见的形式如新闻邮件、会员通信、电子刊物和不定期的用户通知等。其主要职能在于增进顾客关系、提供顾客服务、提升企业品牌形象等，而它的任务重在邮件列表

系统、邮件内容建设和用户资源积累。为了达到有效进行客户管理的目的，市场人员必须对数据库信息进行分析，了解每个注册用户的个性化资料，然后将每个记录分类，建立数据库。客户的详细资料库的建立，有时需要几个月，乃至几年的时间，必须坚持不懈。

2. 确定好发送时间及周期，推动客户购买

注意邮件的发送时间和周期，避免客户的反感。根据调查研究发现，利用周五下午五点至七点这个时间段去发送企业的电子邮件，可以保证大部分的客户打开邮箱，并以一份良好的、放松的心态去浏览被提供的信息，最终成为顾客。

3. 及时做好回复，建立主动的客户服务

及时主动地和客户进行沟通交流是建立主动客户服务的关键。当客户发给公司电子邮件时，是由于他们往往碰到了问题或有建议时，一定要在第一时间给予答复。若未能立即回复客户的询问或寄错信件，要主动承担错误，并给予真诚的道歉。

由于很多网站不及时回复用户的 E-mail 咨询甚至根本不予回复，结果不仅对企业产生负面影响，同时对 E-mail 客户服务本身也造成伤害，结果使得客户对通过电子邮件请求服务的信心大减。

4. 明确主题内容，提高客户忠诚度

邮件的主题都要与企业总体营销战略相一致，内容中体现出企业首要信息，使读者第一印象就明白公司发送邮件的用途，要对客户信息进行分类整理，确保发送的 E-mail 内容具有个性化，具有连续性、系统性、稳定性，使客户对邮件产生整体印象，保持忠诚度。

任务实施

电子邮件在网络客户服务中的应用

1. 客户电子邮件收阅与答复

（1）安排邮件通路。要实现确保每一位客户的信件都能得到认真而及时答复的基本目标，首要的措施是安排好客户邮件的传送通路，以使客户邮件能够按照不同的类别有专人受理。正如很多企业服务热线的接线员所感受到的那样，客户期望他们的问题得到重视。无论是接线员直接为客户解决问题，或是提供公司有关负责人解决问题，客户都希望接线员热心地帮助他们。在客户电子邮件管理中，存在同样的情况，即如何有效地进行客户邮件的收阅、归类与转发等管理工作问题。

企业需要针对客户可能提出的各种问题，做好准备工作。准备工作可从企业内部着手，比如走访那些负责客户热线的人员，与为客户提供销售服务的工程师交谈，还可利用建立起 FAQ 过程中所积累的经验，分析并列出客户可能提出的各种问题及解决方案。对于客户可能提出的各种各样的问题，可按两个层次分类管理。

第一层次是把客户电子邮件所提出的问题，按部门分类。可分为：

①销售部门：关于价格、供货、产品信息、库存情况等。

②客户服务部门：如产品建议、产品故障、退货、送货及其他服务政策等。

③公共关系部门：如记者、分析家、赞助商、社区新闻、投资者关系等。

④人力资源部门：如个人简历、面试请求等。

⑤财务部门：如应付账款、应收账款、财务报表等。

第二层次是为每一类客户电子邮件分派专人仔细阅读，同时还必须对这些信件按紧急程度划分优先级，比如划分为以下五种：

①给公司提出宝贵意见的电子邮件，需要对客户表示感谢；

②普通紧急程度电子邮件，需要按顺序排队，并且应在 24 小时内给予答复；

③特殊问题电子邮件，需要专门的部门予以解决；

④重要问题的电子邮件；

⑤紧急情况的电子邮件。

（2）给客户提供方便服务。把所有的电子邮件发送到一个地址情况下，企业应派专人进行分类和转发。另一种方法是在网页中设置不同类别的反馈区，提供企业各部门的邮件地址，由客户根据自己的情况发送到相应部门。这样做可以提高信件的收阅率和答复率。

（3）尊重客户来信。客户获得的重要信息越多，获得信息的途径越方便、迅速，他们就会越满意。因此，即使是一封来信中满是牢骚或信中所说太离奇，但是这对于客户而言却是十分重要的。同样应该花时间仔细考虑，认真答复。其实，有时你认为给了客户一个好的答复，但未必是客户所期望的答复。如果的确是坏消息，就应该尽快通知客户，并提供临时性方案，以免造成客户的损失。如果告诉客户解决问题的期限，必须要履行承诺，不能拖延。

（4）采用自动应答器，实现自动答复。为了提高回复客户电子邮件的速度，可以采用计算机自动应答器，实现对客户电子邮件的自动答复。

2. 利用电子邮件主动为客户服务

（1）采用 E-mail 新闻，主动为客户服务。

①告诉消费者他们喜欢的行业新闻、促销活动以及其他更好地使用产品等方面的信息。②对于来自其他消费者的使用产品的经验、体会以及如何节省时间和费用的小窍门也受欢迎。③在未收到客户的订阅前，不要发送任何邮件给他们。④在获得客户允许后，要在每封信件中告诉退订方法。

（2）鼓励与客户对话，主动为客户服务。

（3）避免垃圾邮件。

充分利用E-mail电子邮件与客户联系

在时下的全球化电子商务时代，电子邮件联系业务正悄然成为主流。也因为这个原因，合理运用电子邮件与客户进行沟通才显得越发重要。如能遵循正确的方法，邮件必将成为你开发更多客户的法宝。在此过程中，务必注意以下几个方面：

1.通过客户的公司网站发邮件，你至少应该拥有三个邮箱（与公司相关联）。例sale@mesh-fence.com, export@mesh-fence.com 让客户明白了他们的邮件已发送到了销售/出口部门，support@mesh-fence.com 则告诉买家如果他们有问题，可以把问题直接发送到这个邮箱地址，对方公司有专人为他们解答。

2.不要用与邮箱地址重复的用户名，例如：mesh-fence@mesh-fence.com 。因为这样的用户名无法暗示邮件发给了公司的哪个部门。

3.免费邮箱地址=错过很多订单!你不能用免费邮箱（yahoo,hotmail等）作为商务邮件往来的工具，因为买家不相信这样的邮件地址。请谨记在网络上印象永远比面对面更重要，当你发邮件信息给买方时，进口商第一个考虑的问题就是：这是不是一个严肃的发盘或这个人是不是在试图欺骗我? 而yahoo,hotmail等免费邮箱就好像以公共投币式电话作为公司的联系电话一样。用免费邮件地址就仿佛要告诉买方：我们公司体系还不够严肃和正规，因此我们还没有属于自己的电话，但是如果你拨打街道上我们公司附近的投币式公用电话，我们将会从办公室跑出去接听。免费邮箱地址无疑是个坏选择。在诸多原因中，另外一个不该用免费邮箱地址的理由是安全问题。拥有一个如export@mesh-fence.com 的邮箱表示买方已经在当地网络服务下注册了这个URL，如果有问题，可以通过网络服务找到对方，那些总试图骗人的公司才会用免费邮箱地址，因为他们没有合法的注册，如果你想控诉这个公司，也没有备案的网络地址可供调查。另外，买家要经常通过邮件发送一些秘密信息。这可能包括信用卡信息，银行账户信息或者秘密的公司信息。如果是发往专业的邮件地址如export@mesh-fence.com,这个信息从买方的计算机到买方的ISP，到出口方的ISP，再到出口方的计算机，信息丢失的可能性就大大减少了。反之，邮件信息丢失的可能性就很大了。因此，买家不喜欢用免费邮件地址的发盘人。

4.适时地与客户进行沟通联系。每2/3个月写一封邮件给客户就可以了，少于这些他们就会忘记你了，多于这些他们就厌烦你了。

5.不要滥发邮件。要有选择性的发邮件给客户，把邮件发给那些对你方产品感兴趣的买家，否则你的邮件始终无法逃脱成为spam的命运。也许就因为你这一不理智的举动让你丧失潜在的客户哦！

6.想办法让你的邮件具备一定的趣味性，而不是让人在阅读读的邮件时，看着看着就有种想睡觉的感觉。

7.要使你的邮件尽量简短，力求做到言简意赅。没有人喜欢看长篇大论，说出精华部分，引导买方登录你们公司网站获取更多信息。这样既宣传了公司和产品，又能大大节约你的时间，何乐而不为呢？

8.要尽快回复（1日内，甚至更快）解答客户的商业问题。

9.写邮件注意不要用黑色以外的其他颜色，邮件内容用不同颜色或字体就会暴露你的不专业身份，而且不便于阅读；也不要用信纸背景，空白背景加黑色正文才是商务领域的正统书写样板。尽量少用缩写，因为用缩写会显得你很懒惰。避免用大写字体，这好像是你在对着客户大喊大叫一样，是很粗鲁的表现。

拓展知识

忠实的客户是怎样培养出来的

泰国的东方饭店堪称亚洲饭店之最，几乎天天客满，不提前一个月预订是很难有入住机会的，而且客人大都来自西方发达国家。泰国在亚洲算不上特别发达，但为什么会有如此受欢迎的饭店呢？大家往往会以为泰国是一个旅游国家，而且又有世界上独有的人妖表演，认为他们是在这方面下了工夫。错了，他们靠的是真工夫，是非同寻常的客户服务，也就是现在经常提到的客户关系管理。

他们的客户服务到底好到什么程度呢？我们不妨通过一个实例来看一下。

一位先生一次因公务出差泰国，并下榻在东方饭店，第一次入住时良好的饭店环境和服务就给他留下了深刻的印象。当他第二次入住时，几个细节更使他对饭店的好感迅速升级。

那天早上，在他走出房门准备去餐厅的时候，楼层服务生恭敬地问道："于先生是要用早餐吗？"于先生很奇怪，反问："你怎么知道我姓于？"服务生说："我们饭店规定，晚上要背熟所有客人的姓名。"这令于先生大吃一惊。因为他频繁往返于世界各地，入住过无数高级酒店，但这种情况还是第一次碰到。于先生高兴地乘电梯下到餐厅所在的楼层，刚刚走出电梯门，餐厅的服务生就说："于先生，里面请。"于先生更加疑惑，因为服务生并没有看到他的房卡，就问："你知道我姓于？"服务生答："上面的电话刚刚下来，说您已经下楼了。"如此高效率让于先生再次大吃一惊。

于先生刚走进餐厅，服务员就微笑着问："于先生还要老位子吗？"于先生的惊讶再次升级，心想："尽管我不是第一次在这里吃饭，但最近的一次也有一年多了，难道这里的服务员记忆力那么好？"看到于先生惊讶的目光，服务小姐主动解释说："我刚刚查过电脑记录，您去年的6月8日在靠近第二个窗口的位子上用过早餐。"于先生听后兴奋地说："老位子！

老位子!"服务员接着问："老菜单?一个三明治，一杯咖啡，一个鸡蛋?"现在于先生已经不惊讶了："老菜单，就要老菜单!"于先生已经兴奋到了极点。

上早餐时餐厅赠送了于先生一碟小菜，由于这种小菜于先生是第一次看到，就问："这是什么?"服务生后退两步说："这是我们特有的某某小菜。"服务生为什么要后退两步再说话呢?他是怕自己说话时口水不小心落在客人的食品上，这种细致的服务不要说在一般的酒店，就是在美国最好的饭店里于先生都没有见过。这一次的早餐给于先生留下了终生难忘的印象。

后来，由于业务调整的原因，于先生有三年的时间没有再到泰国去。一天，于先生在生日的时候突然收到了一封东方饭店发来的生日贺卡，里面还附了一封短信，内容是："亲爱的于先生，您已经有三年没有来过我们这里了，我们全体人员都非常想念您，希望能再次见到您。今天是您的生日，祝您生日愉快。"于先生当时激动得热泪盈眶，发誓如果再去泰国，绝对不会到任何其他的饭店，一定要住在东方饭店，而且会说服所有的朋友也像他一样选择。于先生看了一下信封，上面贴着一枚六元的邮票;六块钱就这样买到了一颗心，这就是客户关系管理的魔力。

东方饭店非常重视培养忠实的客户，并且建立了一套完善的客户关系管理体系，使客户入往后可以得到无微不至的人性化服务。迄今为止，世界各国约20万人曾经入住过那里，用他们的话说，只要每年有十分之一的老顾客光顾饭店，就会永远客满。

资料来源：张涛. 网络营销. 广州：广东高等教育出版社，2006：250,251

思考问题：

泰国的东方饭店成功的秘诀是什么?

复习思考题

1.客户关系管理的内涵。

2.如何发挥E-mail营销优势，实现有效的客户关系管理。

3.电子邮件在客户管理中的作用。

4.登录无忧大学生网站http://www.51stu.net，完成新用户订阅后，通过向网站管理员发送电子邮件的形式索要内部邮件列表。再利用该邮件列表发送有关自己对该网站的一些建议。

技能训练

写出收集客户电子邮件地址的方法，编写促销某商品的电子邮件信函广告，并将这则促销广告发给这些客户。

任务二　运用FAQ进行客户关系管理

任务分析

　　网上客户服务的重要内容之一是为客户提供有关企业产品与服务等各方面的信息，面对众多企业提供的信息以及客户可能需要的信息，最好的办法就是在网上建立客户常见问题解答。在网络营销中，FAQ被作为一种常用的在线顾客服务手段，在网页页面中主要为顾客提供有关产品、公司情况等常见问题的现成答案。用户80%的一般问题可以通过FAQ系统回答，这样既方便了用户也减轻了网站工作人员的压力，节省了大量的顾客服务成本，并且增加了顾客的满意度。研究表明，如果顾客咨询服务E-mail超过24小时得不到回复，会让绝大多数顾客感到失望和不满。也就是说，24小时是大多数用户期望的心理界限。因此，一个好的客户服务人员，应该重视FAQ的设计。

相关知识

一、FAQ的概述

　　FAQ的中文意思就是"经常问到的问题"，或者更通俗地叫做"常见问题解答"。在很多网站上都可以看到FAQ，列出了一些用户常见的问题，是一种在线帮助形式。在利用一些网站的功能或者服务时往往会遇到一些看似很简单，但不经过说明可能很难搞清楚的问题，有时甚至会因为这些细节问题的影响而失去用户，而在很多情况下，这些问题只需经过简单的解释就可以解决，这就是FAQ的价值。现在FAQ已成为企业网站一个必不可少的组成部分，无论是提供服务还是销售产品，企业都会对用户的问题提供详细的解答。例如国内一些知名网络零售网站的FAQ体系设计比较完善，一般针对用户在购物流程、商品选择、购物车、支付、配送、售后服务等方面分别给出一些常见问题解答。

二、FAQ的内容

　　以当当网上购物商城的FAQ为例介绍（http://www.dangdang.com）。

　　一个完整的购物网站的FAQ都会将购物流程、支付方式、配送方式、售后服务等罗列出来，如图7-1所示。

　　当当网自1999年11月开通，目前是全球最大的中文网上图书音像商城，面向全世界。

　　中文读者提供近30多万种中文图书和音像商品，每天为成千上万的消费者提供方便、快捷的服务，给网上购物者带来极大的方便和实惠。当当网的经营宗旨是以世界上最全的中文图书让所有中文读者获得启迪，得到教育，享受娱乐！

目前全球已有600万的读者在当当网上选购过自己喜爱的商品。

从图可见，网上购物商城的FAQ，是新用户的一个引导。在FAQ中，将本网上商城的购物流程、支付方式、配送方式、售后服务等信息罗列出来。除此之外，还能将客户提出的一些新问题及时地回复给客户，并将有共性的放在FAQ中。

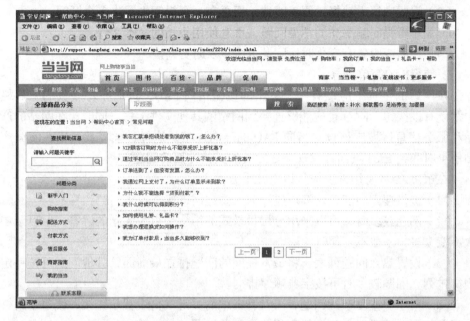

图7-1　当当网上购物商城的FAQ页面

1. 针对潜在客户设计的FAQ

对企业的产品和服务感兴趣的来访者，是企业的潜在客户，必须对他们想要了解的问题事先就要有所设计，并发布在FAQ中，激发他们的购买需求。

2. 针对新客户设计的FAQ

新客户对产品和服务的关心程度比潜在客户高，但与老客户比他们关心的问题却不是很深入，因此针对他们设计的FAQ尽可能多地包括一些有关新产品的使用、维护说明以及注意事项等方面的问题。

3. 面向老客户设计的FAQ

老客户对企业产品已经了解很多，因此，可以提供更深层次的技术细节、技术改进等信息。

任务实施

企业FAQ页面组织设计

1. 保证FAQ的效用

FAQ是客户常见的问题，设计的问题和解答的问题都必须是客户经常遇到和提问的。应该保证一定的信息量、一定的覆盖面。问题的回答也应尽可能地提供足够的信息，满足顾客实际性的需要。为保证 FAQ 的有效性，企业需要做到以下几点：

（1）要经常更新问题，回答客户提出的一些热门问题。

（2）问题应短小精悍，便于阅读，切忌在一个提问中解决多个疑问。

（3）对于提问频率高的常见问题，不宜使用很长的文本文件。

（4）产品或服务有变化时，问题也应该及时更新。

2. 使得FAQ简单易寻

在网站的主页上应设有一个突出的按钮指向 FAQ，进而在每一页的工具栏中都设有该按钮。FAQ 也应能够连接到网站的其他文件上去。同时，在网站的产品和服务信息区域应该设立指向 FAQ 的反向连接，这样，顾客就可以在阅读产品信息时回到 FAQ 页面，发现与之相关的其他方面的问题。

在解决 FAQ 易用性上应从以下几个方面入手：

（1）提供搜索功能，让客户通过输入关键词迅速查找到问题和答案。

（2）问题较多时，可以采用分层目录式的结构来组织问题的解答，但目录层次不能太多，一般不要超过 4 层。

（3）设置热点问题列表，将最常提问的问题排在最前面，其他问题可按一定规律排列，问题较多时可按字典顺序排列。

（4）对于一些复杂的问题，可对答案中的关键词再设置超链接，便于了解一个问题的同时还可以方便地找到相关专题的问题。

3. 选择合理的FAQ格式

FAQ 在某种程度上代表着企业的形象，因为这是企业服务客户态度的很好体现，所以选择合理的 FAQ 格式也很重要。常用的方法是按主题将问题进行分类，每类问题都有其对应的区域，对于问题较多的主题应设置一个"更多"菜单项，链接到此主题的问题列表页面。分类的方法有：

（1）按业务流程分类。如淘宝网的 FAQ 问题分类包括：如何成为淘宝用户、成为会员后如何买卖、如何设置和保护账号信息、举报投诉 & 退款、淘宝辅助软件及增值服务、淘宝规则，如图 7-2 所示。

（2）按产品或服务的关键词分类。如京东商城的 FAQ 问题分类包括：购物流程、购物指南、配送方式、支付方式、售后服务、特殊服务等。如图 7-3 所示。

（3）按产品或服务使用功能分类。如新浪网博客 FAQ 问题分类包括：注册 / 升级 / 申请名人博客类问题、文章发表 / 管理 / 评论 / 留言类问题、模版设计 / 特效 / 首页内容维护类问题、相册类问题等。

（4）按照问题的特点来分类。如 Baidu 竞价排名的 FAQ 问题分类包括：常见问题、最热门问题、经典问题等。

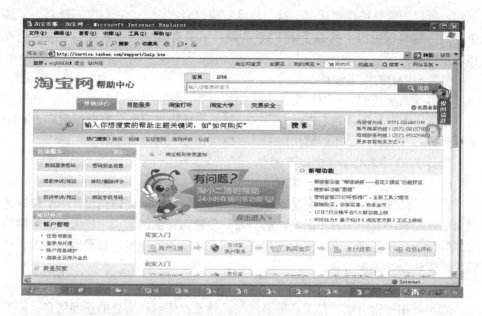

图 7-2　淘宝网的FAQ

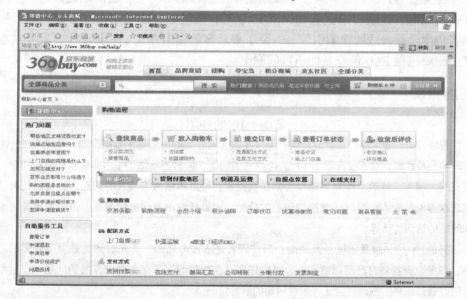

图 7-3　京东商城的FAQ

4.信息披露要适度

　　FAQ 为客户提供了企业有关的重要信息。但是，企业不必把所有产品、服务以及企业的经营情况公开出去，这样做虽然表现了企业对客户的真诚，但对客户却没有太大的好处。另外，这给了竞争对手窥探企业核心技术的机会，对企业不利。所以，信息披露要适度，这个"度"应以对客户产生价值又不让对手了解企业的内部事情为准。所以企业 FAQ 的设计，只有做到恰到好处，才能使企业和客户双赢。

5. 客户FAQ的搜索设计

顾客搜索所花的时间可以分为两个层面：第一层面是搜索工作实际所花的时间；第二层面则是顾客的心理时间，这一时间层面更加重要。有时即使有了 FAQ 的帮助，一些顾客还是不能解决问题，这时就需要一些搜索工具。

设计 FAQ 搜索时需考虑以下两点：

（1）搜索功能应适应网站的需求

对小网站来说，使用简单的搜索方案即可。特别小的网站则设计一个较好的目录表就能解决问题；较小的网站则只需一份较为详细的索引；较大一些的网站可以匹配一套根据字符直接匹配调用文件回取系统帮助搜索。如果网站很大，就需要功能较强的搜索引擎。

（2）从顾客角度设计搜索工具

顾客使用搜索引擎，最关心的是如何迅速地找到自己所要的正确信息，可采用一些有效的方法，让顾客在不使用复杂搜索器的情况下，就能迅速找到所需的准确的信息，这就要求企业在设计 FAQ 时，应从顾客的角度出发考虑问题，从顾客角度设计合适的搜索引擎。一要了解顾客的提问方式；二要设计分步搜索方式；三要把握 FAQ 信息量的适度问题。

拓展知识

智能 FAQ 的介绍

智能FAQ，是大鉴公司针对传统FAQ存在的问题开发的一套基于数据库的、全动态的FAQ管理和发布系统，它不仅克服了传统FAQ存在的问题，同时还增加了很多非常实用的新功能。使提问、解答、修改、删除等操作全部在线完成；可以单独回答某人的问题，也可以把典型问题推荐给所有人；可以任意添加问题的分类、可以任意改变问题的属性、可以实现提问者和问题的访问统计等。

智能FAQ 1.0版系统流程及功能：当访问者进入FAQ界面，首先看到的是典型问题的解答，如果没有找到自己问题的解答，可以进入"在线提问"界面，提交自己的问题；以后可以随时通过账号、密码的验证，查看问题的解答情况。

网站管理者进入FAQ管理界面，可以看到最新典型问题的列表，他所要做的仅仅是回答问题，点"提交"按钮而已，其他所有的网页发布、内容链接完全由系统自动完成；同时，网站管理者可以选择有代表性的问题，只需点击该问题对应的"推荐为典型问题"按钮，即可将本条问答发布到最新典型问题页面上。当然，可以删除任何一条问答。

系统实现的功能：所有信息通过数据库维护，所有操作在线完成，只需会录入汉字，即可完成所有内容的建设与更新。智能FAQ2.0除具备1.0版的所有功能外，还增加了如下非常实用的功能：

（1）可以在回答问题前，对访问者提出的问题进行在线修改，以杜绝不正规的提问；

（2）可以任意添加问题的分类，并对每一条问答进行归类处理；

（3）可以任意在线修改已经完成发布的问答内容；

（4）可以生成所有问答访问率清单；

（5）在典型问题页面，可以根据问答点击数的多少排序；

（6）可以根据需要改变页面的色调；

（7）可以生成提问者的详细清单；

（8）可以对所有问答进行关键字搜索。

复习思考题

1. 什么是FAQ?

2. FAQ的内容包含哪些?

3. 设计FAQ搜索时应注意哪些问题?

技能训练

华南理工大学信息网络工程研究中心用户服务中心的FAQ

对于专业性很强的网站，对FAQ的要求要高些，除有常用问题FAQ，一般还会有按类别分类的FAQ，如华南理工大学信息网络工程研究中心的FAQ就分为宽带用户FAQ、拨号用户FAQ、邮箱用户FAQ、学生用户FAQ、办公楼用户FAQ等，根据类别回复用户的问题。如图7-4所示。

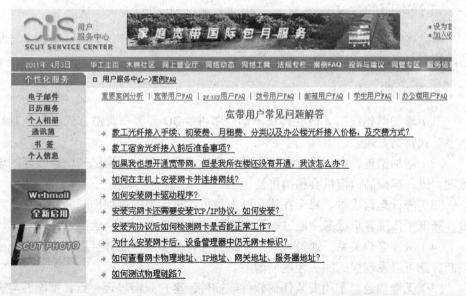

图7-4 华南理工大学信息网络工程研究中心用户服务中心的FAQ

在上图FAQ中，罗列出宽带用户FAQ、拨号用户FAQ、邮箱用户FAQ、学生用户FAQ、办公楼用户FAQ等。根据你的所需进入相关的FAQ，就可以看到对应的一些常见的问题决解方法。

思考问题：

1.一个完整的网上购物商城主要的FAQ内容包括哪些？

2.请搜索一个关于电子邮件的FAQ，列举出主要五个方面以上的问题？

来源：（http://www.scut.edu.cn/cwis/new-user/htms/faq/q2.htm）

任务三　在线客服系统的应用

任务分析

很多企业都在不断地做网站，不停地宣传自己的产品来提高自己的知名度，但是根据市场调查，客户进了网站了，每天浏览人很多，访问量也增加了，但是销量最后没有多大的提升。问题出在哪儿？这是很多企业头疼和关心的问题，为什么有那么多人来关注我们的网站，关注我们的产品了，但却总是对销量产生不到良性作用，无法抓住商机。其实很多情况下，不是因为企业的产品不好，而是在沟通方面不健全，在线客服系统功能不完善。导致在跟进不足情况下错失良机。

相关知识

一、在线客服的含义

网站在线客服，或称做网上前台，是一种以网站为媒介，向互联网访客与网站内部员工提供即时沟通的页面通信技术。

二、在线客服的作用

（1）增加营销渠道。改变传统电话、邮件、QQ等客户营销方式，为企业打造主动式营销方式。

（2）增加销售机会。通过在线为顾客分析和解决复杂的问题来增强顾客的忠诚度，进一步提高销售机会和销售量。

（3）降低运营成本。每个在线客服人员可通过无限的增加即时的在线服务人数，降低了传统客户服务中通过电话交流所产生的成本。

（4）巩固客户关系。通过与网民在线人性化的交互作用并且以顾客的地址来判断，您可以发现您的回头客逐渐增多。

（5）无缝沟通。不用安装任何软件或插件，客户只需轻轻一点，就能够与客服人员进行即时交流，大大降低客户的沟通门槛，提高成交概率。提供了访客来访时间和地理位置的统计信息，企业可以根据这些数据调整销售人力安排，销售区域策略等，为进行市场决策提供了有力的依据。

（6）知识储备。客服可以轻松地通过知识库进行学习；当面对访客的提问时，也可以通过知识库调阅相关资料，快速解答访客问题。

（7）精准营销。客服人员可以从系统中清楚地知道客户正在访问什么，感兴趣的是什么，并做好充足的准备。

（8）快捷回复。将常用的对话内容和网站地址进行分类整理，轻松地对不同的访客快速应答，体现专业，节省效率。

（9）实时监管。管理人员能够实时的对客服人员的工作进行监控，并查看访客对客服的满意度评价。这是比较常见的一些功能比如还有免费电话功能等。

三、网站商务通的含义

网站商务通是一款国内领先的企业级的网站实时在线客服系统，网站访客只需点击网页中的对话图标或链接，无须安装或者下载任何软件，就能直接和网站客服人员进行即时交流。为企业发掘更多的潜在客户，捕捉转瞬即逝的商机，降低运行成本，提高工作效率，获得用户的咨询与反馈信息，提升客户满意度，是企业进行在线咨询、在线营销、在线客服的有力工具。

网站商务通可以帮助网站开展在线销售、实时客服、流量统计和网站管理等工作，变流量为销量变访客为顾客，帮助企业选择更佳的推广方式，做到投入收益最大化。网站商务通提供强大的报表功能，为优化网站、优化推广策略、加强客服管理和销售策略改进等方面提供了重要依据。

四、呼叫中心的含义

呼叫中心也称客户服务中心。在实施客户关系管理中，现代企业多以呼叫中心的形式建立起与客户交往的窗口。呼叫中心是客户关系管理中的一个核心组成部分，也是客户关系管理中的信息支持平台。它充分利用了通信网络和计算机网络的多种功能集成，构建成一个完整的综合服务系统，能方便有效地为客户提供多种服务，如24小时不间断服务、多种交流方式等。

呼叫中心能事先了解客户信息并安排合适的业务到访问客户表，将客户的各种信息存入业务数据仓库以便共享等；也能够随时为客户排忧解难，同时还可将销售、服务、市场和交货情况等信息及每个顾客的交易集合在一起，为各部门的人员提供实时的信息。它还能提供客户投诉记录、解决情况以及产品和服务的质量情况等。

呼叫中心在中国家电行业中的应用

家电行业是中国市场化程度最高的行业之一，它在市场经济的冶炼中逐渐成熟，并逐步走向国际市场。在经历了以降价、技术创新为主要手段拼抢市场份额的家电战之后，竞争形式来势升级，国内家电企业更多地将目光转向了客户服务。据调查，国内有2/3的企业开通了客户服务热线，客户服务的提升不仅需要在企业观念上的转变，还需要运用现代技术手段未完成。实践证明，最有效的手段当是借助呼叫中心。在国内，联想、海尔、TCL与美的等大型企业已经成功运用呼叫中心，为客户服务，从而提高了品牌价值，呼叫中心在家电行业的出现是家电企业提升客户服务水平的标志。

五、即时通信的含义

即时通信已经成为最流行的网络通信方式。它集成了电子邮件、博客、音乐、电视、游戏和搜索等多种功能，既可以实现在线聊天、文件传送，还可以进行视频传送，实现可视交谈。即时通信不再是一个单纯的聊天工具，它已经发展成集交流、资讯、娱乐、搜索、电子商务、办公协作和企业客户服务等于一体的综合化信息平台。比较流行的 IM 有 MSN、QQ 等。

六、即时通信的分类

1. 个人即时通信

个人即时通信，主要是以个人用户使用为主，会员资料以开放式的形式，不以赢利为目的，以方便聊天、交友、娱乐为宗旨，如 QQ、雅虎通、网易 POPO、新浪 UC、百度 HI、盛大圈圈、移动飞信等软件，他们以网站为辅、软件为主，免费使用为辅、增值收费为主。

2. 商务即时通信

商务即时通信的主要功用是实现了寻找客户资源或便于商务联系，以低成本实现商务交流或工作交流。此类以中小企业、个人实现买卖为主，外企方便跨地域工作交流为主。商务即时通信有 5107 网站伴侣、企业平台网的聚友中国，阿里旺旺贸易通、通软联合 GoCom、北京和风清扬 Calling、阿里旺旺淘宝版、惠聪 TM、QQ(拍拍网，使 QQ 同时具备商务功能) 等。

3. 企业即时通信

企业即时通信，它是一种面向企业终端使用者的网络沟通工具服务，使用者可以通过安装了即时通信的终端机进行两人或多人之间的实时沟通。目前，中国市场上的企业级即时通信工具主要包括：群英 CC2010、通软联合的 GoCom、腾讯公司 RTX、IBM 的 Lotus Sametime、点击科技的 GKE、中国互联网办公室的 imo、中国移动的企业飞信、华夏易联的 e-Link、擎旗的 UcStar 等。相对于个人即时通信工具而言，企业级即时通信工具更加强调安全性、实用性、稳定性和扩展性。

4. 行业即时通信

主要局限于某些行业或领域使用的即时通信软件，不被大众所知，如盛大圈圈（其中恒聚 ICC 为盛大开发了游戏客服即时通信系统），奥博即时通信，螺丝通，主要在游戏圈内小范围使用。也包括行业网站所推出的即时通信软件，如化工网或类似网站推出的即时通信软件。

5. 网页即时通信

在社区、论坛和普通网页中加入即时聊天功能，用户进入网站后可以通过右下角的聊天窗口跟同时访问网站的用户进行即时交流，从而提高了网站用户的活跃度、访问时间、用户黏度。把即时通信功能整合到网站上是未来的一种趋势，这是一个新兴的产业，已逐渐引起各方关注，xtalk 是目前国内较为专业的网页即时通信服务提供商。

任务实施

网站商务通在在线客服系统的应用

网站商务通在线客服又名网站呼叫中心，提供实时销售、客户服务。实现网络呼叫中心平台，立即应答，即时对话交流。网站商务通在线客服是网站实现在线客户服务的最佳系统解决方案，使网络营销、企业即时通信、在线支持、技术服务变得人性化，为公司节省成本，提高客户满意度。网站商务通在线客服作为企业网站商务应用解决方案，提高销售额，降低客户支持的成本，增强客户的信心。实时监测网站的访问动态，访问统计分析报表。网站商务通在线客服系统如图 7-5 所示。

图 7-5　网站商务通在线客服系统

特色功能：

（1）实时管理。经理可以实时监测每个员工的实时对话，协助员工快速成长。

（2）呼叫中心。可指定客服或部门，可转接和内部对话、并支持跨站点转接，全面体现团队协作优势。

（3）数据挖掘。多重过滤，为搜索引擎和广告来源、对话数量和效果、客服人员接待、客人所在区域提供量化分析报表，还可以分时段导出历史记录。

（4）主动邀请。有三种方式，可自定义邀请内容或直接进行对话。同时支持自动邀请和邀请间隔检测。

（5）免费电话。和网站商务通高度集成；访客点击图标，拨打免费电话；通话过程访客为接听方，无须付话费；解决访客与企业的线下沟通问题；线上线下结合，把握每一个访客。

（6）访客消息预知。预知访客输入文字，提高客服反应速度，提升服务效率。

（7）永久识别。您能实时了解每一位客人访问过几次，并能自动调出该客人之前的所有对话记录，便于跟进联系。

（8轨迹跟踪。能帮助客服了解客人更多的意向，也能帮助网站优化网站流程；还可通过简单的设置，以更友好的名称来标示访客的访问轨迹。

（9）个性化。提供13套模板，并可自定义图标、开场白、广告设置、邀请界面、问候语等，全面展示您的企业形象。

（10）手机短信。在网站商务通中绑定您的手机，即使您或者您的客服不在线，也会及时让您收到客户的信息最大程度上减少客户的流失。同时支持客服端办公短信群发。

小案例

教育行业利用商务通的解决方案

1. 主动邀请功能,开拓潜在消费者

访客登录教育行业网站希望能够通过这个平台获取所需信息,满足教育方面需求。网站商务通可以监控访客的浏览轨迹,了解其所需,网站客服通过主动邀请功能,主动和访客沟通,迅速提升服务水平抓住商机。

2. 在线解答功能,及时沟通交流

使用网站商务通的客服人员可以在线回答网站访客所提出的问题,弥补一般说明文本的缺陷。如访客想了解的内容（收费,时间,地点,环境,毕业证等）,一般说明文本很难满足访客的具体要求,通过在线与客服人员交流,效果将会显著提升。

3. 访客识别功能,个性化服务

访客通过网站商务通同客服进行交流后,会在访问功能的作用下记录相关信息,当此访客再次登录时,网站客服务可迅速确定并调出相关信息,更有针对性地满足访客的需求,另外,网站商务通可以与会员系统结合,实现网站会员的自动识别。

4. 预存信息功能,提供效率和服务质量

网站商务通可以预先存储访客所需常见信息,需要时可直接双击即可提供给访客,便捷迅速。如当访客询问如何上课等此类问题时,客服可提供预存信息（收费,时间，地点等）,提高工作效率。

5. 统计报表功能,数据分析改进工作

此版软件系统后台会自动分时段的统计网站浏览情况和对比每个网页流量,并制作统计报表。通过分析统计报表,客服进一步了解访客需求,调整工作的重点，利于网站及相关业务的开展。

拓展知识

现代呼叫中心具备的功能

1. 呼叫中心应具有企业对客户树立形象的窗口的功能

呼叫中心是客户和企业联系的唯一渠道，通过这个渠道企业为客户提供"一站式"服务，客户的问题都将通过呼叫中心传递到企业相关部门，如果客户能当时自己解决的就直接告诉客户做的方法和步骤，如果客户自己不能解决的就提供上门服务，节省了客户的时间、金钱和精力，使企业的良好的服务形象得以树立。

2. 呼叫中心应具有服务增值的功能

进入竞争激烈的电子商务时代中，企业应更专注于创造客户的附加价值，特别是未来竞争主轴——服务。通过呼叫中心能提供客户产品之外更多的附加价值。例如一对一的咨询服务、24小时免费电话服务和售后回访等，这些附加价值有助于协助客户解决问题，增加客户满意度。

3. 呼叫中心具有收集市场情报和客户资料的功能

客户在经过呼叫中心向企业投诉问题，呼叫中心可将问题分门别类的汇总，交给企业后台分析是偶然现象还是产品功能或质量的缺陷，进而改进产品质量。呼叫中心可以通过网上调查、客户回访和调查问卷等形式收集客户的基本资料、偏好等有关信息，建立客户资料数据库，为市场部门分析消费倾向提供依据。

4. 呼叫中心具有维护老客户和开发新客源的功能

客户通过呼叫中心与企业取得联系后，及时得到企业的帮助，客户的忠诚度会得到提高并向周围更多相识的人推荐使用过的产品品牌，这种免费宣传有时比企业做的宣传还更有效。此时呼叫中心将成为企业"利润中心"。

5. 呼叫中心具有流程总管的功能

诸多客户的需求及抱怨，一般不是呼叫中心一个部门完成的，往往需要其他部门的合作，才能完整地满足客户的需求。企业在设置呼叫中心之初，便需要考虑到各种服务项目名称及需要支持的部门。因此常常促使企业思考流程重整的议题：在以呼叫中心为前台的角色之下，后台应如何来支援以改善呼叫流程的顺畅，以创造最大的客户满意度。另外呼叫中心也往往成为客户服务流程的监督和协调中心，负责联系不同的部门，协调流程的顺畅与改善，监督事项完成的进度和事后的回访，因此慢慢地便具备了类似企业流程再造中流程总管的功能。

复习思考题

1.什么是在线客服？
2.提升在线客服态度的方式？
3.呼叫中心有哪些功能？
4.网站在线客服系统的功能有哪些？

技能训练

在呼叫中心许多座席位置上有计算机、电话，以及高水准的座席代表(他们拥有专业知识与素养)，计算机联入互联网和庞大的客户数据库。当一个客户从家里打来电话，接听电话的座席代表面前的计算机屏幕上会即刻显示出该用户的所有资料。于是，座席代表就可以圆满解答客户的问题。另外，商家也可以通过呼叫中心主动服务于客户。假如，你酷爱某位歌星，经常去一家音像店买该歌星的磁带、书籍和MTV。假设该店新进了一批音像制品，店里的CTI系统从数据库中获悉，该歌星新出的磁带你还没有购买，于是，CTI系统会主动拨通您家的电话通知你，如果你没有接听到电话，系统也会自动给你发送邮件通知单，这些都是企业为客户提供满意服务的形式。

1.如果是你，该怎么办？
2.从公司和员工自身的角度看，好的客户服务能给我们带来什么？

总结与回顾

客户关系管理是一个不断加强与客户交流，不断了解客户需求，并不断对产品及服务进行改进和提高，以满足客户需求的连续过程。网络客户关系管理具有全面提升企业的核心竞争能力，实现跨越时空的服务，简化了客户服务过程等优势。

电子邮件在客户管理中得到广泛应用，既可以收阅与答复客户的电子邮件，还可以利用电子邮件主动为客户服务。因此，企业可以利用电子邮件与客户建立主动的服务关系、传递商务单证等作用。

FAQ被作为一种常用的在线顾客服务手段，在网页页面中主要为顾客提供有关产品、公司情况等常见问题的现成答案。因此企业在FAQ页面组织设计过程中既要保证FAQ的效用，使得FAQ简单易寻，又要选择合理的FAQ格式服务顾客。

企业在进行客户管理管理活动中，要充分利用网站商务、呼叫中心、即时通信等在线客服系统中的应用。

参考文献

1. 张涛. 网络营销. 广州：广东高等教育出版社，2006.

2. 孟丽莎. 网络营销. 郑州：河南人民出版社，2004.

3. 朱明侠，李盾. 网络营销. 北京：对外经济贸易大学出版社，2002.

4. 喻建良. 网络营销学. 北京：北方交通大学出版社，2001.

5. 瞿彭忐. 网络营销学. 北京：高等教育出版社，2001.

6. 刘喜敏，马朝阳. 网络营销学. 大连：大连理工大学出版社，2007.

7. 宋文官. 网络营销实务. 北京：高等教育出版社，2008.

8. 方玲玉. 网络营销实务. 北京：电子工业出版社，2010.

9. 陆川. 网络营销实务. 北京：对外经济贸易大学出版社，2008.

10. 董继超，贺兰芳，郝毓. 网络营销与策划. 天津：南开大学出版社，2004.

11. 钟强. 网络营销学. 重庆：重庆大学出版社，2002.

12. 黄敏学. 网络营销教程. 北京：机械工业出版社，2001.

13. 何建民. 网络营销. 北京：电子工业出版社，2010.

14. 张永红. 网络营销实务. 北京：北京理工大学出版社，2008.

15. 才书训. 网络营销. 沈阳：东北大学出版社，2002.

16. 李玉清，方成民. 网络营销. 北京：清华大学出版社，2007.

17. 沈风池. 网络营销. 北京：清华大学出版社，2005.

18. 张卫东. 网络营销. 北京：电子工业出版社，2002.

19. 冯英健. 网络营销基础与实践. 第2版. 北京：清华大学出版社，2004.